无线传感网络技术与应用

李世钊　石志远　主编

天津大学出版社
TIANJIN UNIVERSITY PRESS

内 容 简 介

本书全面、系统地介绍了 ZigBee 无线传感器网络、蓝牙、Wi-Fi 的基本理论及相关应用。本书采用"项目导入"方式编写,以项目为案例将 CC2530 的基本组件、基于 BasicRF 无线通信和基于 Z-Stack 协议栈的无线传感器网络数据通信、蓝牙通信、Wi-Fi 通信的知识点和技能点融入各个任务之中。在逐个完成各个任务的过程中,以"层层递进"的方式完成项目实战,实现以实训项目为主线、项目实战为载体的教学目标。本书内容深入浅出、概念清晰、语言流畅、理论和实际应用相结合,且工程实验指导均给出了完整的实现细节。

图书在版编目(CIP)数据

无线传感网络技术与应用 / 李世钊,石志远主编.
—天津:天津大学出版社,2020.7
ISBN 978-7-5618-6724-2

Ⅰ.①无… Ⅱ. ①李… ②石… Ⅲ.①无线电通信－传感器－计算机网络 Ⅳ.①TP212

中国版本图书馆CIP数据核字(2020)第128485号

出版发行	天津大学出版社
地　　址	天津市卫津路92号天津大学内(邮编:300072)
电　　话	发行部:022-27403647
网　　址	www.tjupress.com.cn
印　　刷	廊坊市海涛印刷有限公司
经　　销	全国各地新华书店
开　　本	185mm×260mm
印　　张	17.25
字　　数	418千
版　　次	2020年7月第1版
印　　次	2020年7月第1次
定　　价	45.00元

前　言

　　无线传感器网络（WSN）综合了传感器、嵌入式计算、现代网络及无线通信和分布式信息处理等技术，能够通过各类集成化的微型传感器协同完成对各种环境或监测对象信息的实时感知、采集和处理，这些信息通过无线方式被发送，并以自组多跳的网络方式传送到用户终端，从而实现物理世界、计算世界以及人类社会这三元世界的连通。传统的无线网络关注的是在保证通信质量的情况下的数据吞吐率最大化，而无线传感器网络主要用于检测不同环境下各种缓慢变化参数，通信速率并不是其主要考虑的因素，它最关心的问题是如何在体积小、布局方便以及能量有限的情况下尽可能地延长目前网络的生命周期。

　　本书主要是从使用 CC2530 芯片和 Z-Stack 协议栈来实现数据通信、蓝牙通信和 Wi-Fi通信，为读者解析用 ZigBee 技术、蓝牙、Wi-Fi 开发无线传感器网络的各个要点，由浅入深地讲述如何开发具体的无线传感器网络系统。

　　本书共分为七章。

　　第一章，介绍了无线传感器网络的基本理论、发展历程、系统特点、技术特点及应用领域，使读者对无线传感器网络有一个整体上的认识。

　　第二章，介绍了 CC2530 环境搭建和程序烧写，使读者对 CC2530 单片机的开发与使用有一个初步了解。

　　第三章，以"低温加热控制系统"项目为案例，将 CC2530 基本组件的知识点和技能点融入任务中。基于核心芯片 CC2530 内部硬件模块设计若干个任务，使读者熟悉核心芯片CC2530 的主要功能。

　　第四章，以"智慧工厂"项目为案例，将光照、红外和温湿度传感器组成 Basic RF 无线传感器网络通信技术融入任务中，使读者掌握基于 BasicRF 无线通信技术，并为进一步学习ZigBee 协议栈打下基础。

　　第五章，以"智能灯光控制系统"项目为案例，将 Z-Stack 协议栈 OSAL、单播、组播、广播、按键、Z-Stack 串口机制以及无线传感器网络通信技术融入任务中，使读者深入掌握Z-Stack 的工作机制。

　　第六章，以"公司办公区内实现 Wi-Fi 全覆盖"项目为案例，实现远程控制办公区通风系统——风扇和照明系统——照明灯，以及温湿度数据采集通过 Wi-Fi 传输到数据平台。

　　第七章，以"公司考勤打卡系统"项目为案例，实现通过蓝牙传输考勤数据以及远程控制灯光。

　　本书理论与实践相结合。书中以大量实例为基础，给出程序源代码，一步一步修改与讲解，详细阐述 ZigBee 网络的组建以及相关技术知识，突出关键技术。

　　本书附带讲解过程中所有程序代码，模块化的程序设计让读者更好理解。每个项目都经过精心设计,尽量做到每行代码都添加注释且风格一致。项目中的每个任务都有详细的操作步骤并附带运行效果图片,内容涵盖从编译环境配置到基础实训、组网演练、项目实战的全部内容。

　　由于作者水平有限及对无线传感器网络和 ZigBee 技术理解不深,书中难免有错误的地方,诚恳地希望读者批评指正。随着我们实训项目的不断完善,希望为读者提供更多的相关资料。

编者

2020 年 5 月

目　　录

第 1 章　无线传感器网络概述

本章的主要内容是无线传感器网络的入门基础知识,首先对无线传感器网络技术的发展历程、应用领域进行介绍,然后介绍无线传感器网络体系的结构和支撑技术,最后介绍技术特点和主要的无线通信技术。通过本章的学习,可以对无线传感器网络有一个初步了解,为后续学习提供必要的理论知识。

知识目标

- 了解无线传感器网络的发展历程。
- 理解无线传感器网络的技术特点。
- 了解无线传感器网络体系的结构和支撑技术。
- 了解 Wi-Fi、蓝牙、ZigBee、NB-IoT、LoRa 等无线通信网络技术。

1.1　无线传感器网络的概述

近年来,传感技术、无线通信技术与嵌入式计算技术的不断进步,推动了低功耗、多功能传感器的快速发展,使其在微小体积内能够集成信息采集、数据处理和无线通信等多种功能。这种微型无线传感器网络(Wireless Sensor Network,WSN)的应用成为物联网发展的一个重要组成部分。

无线传感器网络是新兴的下一代网络,被认为是 21 世纪最重要的技术之一。传感器设计、信息技术以及无线网络等的快速进步,为无线传感器网络的发展铺平了道路。传感器通过捕获和揭示现实世界的物理现象,并将其转换成一种可以处理、存储和执行的形式,从而将物理世界与数字世界连接起来。传感器已经集成到众多设备、机器和环境中,产生了巨大的社会效益。无线传感器网络可以把计算机世界与现实世界以前所未有的规模结合起来,并衍生出大量实用型的应用,包括保护民用基础设施、精准农业、有毒气体检测、供应链管理、医疗保健和智能建筑与家居等诸多方面。

1.1.1　发展历程

传感器网络的发展历程分为以下三个阶段:传感器→无线传感器→无线传感器网络(大量微型、低成本、低功耗的传感器节点组成的多跳无线网络)。

1. 第一阶段

传感器网络最早可以追溯至越南战争时期使用的传统传感器系统。"热带树"实际上是由振动和声音传感器组成的系统, 它由飞机投放, 落地后插入泥土, 只露出伪装成树枝的无线电天线,因而被称为"热带树"。只要对方车队经过,传感器探测出目标产生的振动和声音信息,便自动发送到指挥中心,供人们进行决策。

2. 第二阶段

第二阶段为 20 世纪 80—90 年代,主要是美军研制的分布式传感器网络系统、海军协同交战能力系统、远程战场传感器系统等。这种现代微型化的传感器具备感知能力、计算能力和通信能力。因此,1999 年的《商业周刊》将传感器网络列为 21 世纪最具影响的 21 项技术之一。

3. 第三阶段

第三阶段是从 21 世纪开始至今。这个阶段的传感器网络技术特点在于网络传输自组织、节点设计低功耗。除了应用于反恐活动以外,在其他领域也获得了很好的应用。由于无线传感器网络在国际上被认为是继互联网之后的第二大网络,在 2003 年美国《技术评论》杂志评选出的对人类未来生活产生深远影响的十大新兴技术中,传感器网络位列第一。

在现代意义上的无线传感器网络的研究及其应用方面,我国与发达国家几乎同步。2006 年,我国发布的《国家中长期科学和技术发展规划纲要》,为信息技术确定了三个前沿方向,其中有两项就与传感器网络直接相关,这就是智能感知和自组网技术。当然,传感器网络的发展也符合计算设备的演化规律。

1.1.2　定义

无线传感器网络是由部署在监测区域内的大量廉价微型传感器通过无线通信方式形成的一个多跳的自组织的网络系统,其目的是感知、采集和处理网络覆盖区域中被感知对象的信息,并经过无线网络将信息发送给观察者。传感器、被感知对象和观察者构成了无线传感器网络的三个要素。无线传感器网络体系结构如图 1-1 所示。

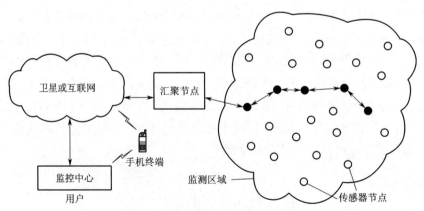

图 1-1　无线传感器网络体系架构

无线传感器网络系统通常包括传感器节点(sensor)、汇聚节点(sink node)和管理节点。大量传感器节点随机部署在监测区域(sensor field)内部或附近,能够通过自组织方式构成网络。传感器节点监测的数据沿着其他传感器节点逐跳进行传输,在传输过程中监测数据可能被多个节点处理,经过多跳转发到汇聚节点,最后通过卫星或互联网到达管理节点。用户通过管理节点对传感器网络进行配置和管理,发布监测任务并收集监测数据。

传感器节点通常是一个微型的嵌入式系统,它的处理能力、存储能力和通信能力较弱,通过携带能量有限的电池供电,从网络功能上看,每个传感器节点具备传统网络节点的终端和路由器双重功能,除了进行本地信息收集和数据处理外,还要对其他节点转发来的数据进行存储、管理和融合等处理,同时与其他节点协作完成一些特定任务。

汇聚节点的处理能力、存储能力和通信能力较强,它连接传感器网络与互联网等外部网络,实现两种协议栈之间的通信协议转换,同时发布管理节点的监测任务,并把收集的数据转发到外部网络上。汇聚节点既可以是一个具有增强功能的传感器节点,有足够的能量供给和更多的内存与计算资源,也可以是没有监测功能仅带有无线通信接口的特殊网关设备。

1.2　传感器节点的组成

一般而言,传感器节点由四部分组成:传感器模块、处理器模块、无线通信模块和电源模块,如图 1-2 所示。它们各自负责自己的工作:传感器模块负责采集监测区域内的信息采集,并进行数据格式的转换,将原始的模拟信号转换成数字信号,将交流信号转换成直流信号,以供后续模块使用;处理器模块又分为两部分,分别是处理器和存储器,它们分别负责处理节点的控制和数据存储的工作;无线通信模块专门负责节点之间的相互通信;电源模块是用来为传感器节点提供能量的,一般采用微型电池供电。

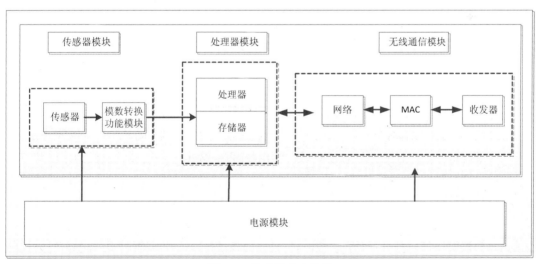

图 1-2　传感器节点结构

(1)传感器模块:由传感器和模数转换功能模块组成,负责对感知对象的信息进行采集和数据转换。

(2)处理器模块:由嵌入式系统构成,包括中央处理器(Central Processing Unit, CPU)、存储器、嵌入式操作系统等,负责控制整个节点的操作,存储和处理自身采集的数据以及传感器其他节点发来的数据。

（3）无线通信模块：由网络、MAC 和收发器组成，负责实现传感器节点之间以及传感器节点与用户节点、管理控制节点之间的通信，交互控制消息和收 / 发业务数据。

（4）电源模块：为传感器节点提供运行所需要的能量，通常采用微型电池供电。

此外，可以选择的其他功能单元包括定位系统、运动系统以及发电装置等。

1.3　无线传感器网络体系结构

网络协议栈体系结构是无线传感器网络的"软件"部分，包括网络的协议分层以及网络协议的集合，是对网络及其部件应完成功能的定义和描述，由网络通信协议、传感器网络管理以及应用支撑技术组成，如图 1-3 所示。

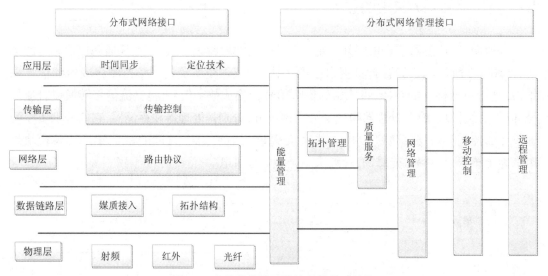

图 1-3　无线传感器网络协议栈体系结构

分层的网络体系结构类似于传统的传输控制协议 / 网际协议（Transmission Control Protocol/Internet Protocol, TCP/IP）协议体系结构，由物理层、数据链路层、网络层、传输层和应用层组成。物理层的功能包括信道选择、无线信号监测、信号发送和接收等。传感器采用的传输介质可以是无线、红外或者光波等。物理层的设计目标是以最小的能量消耗获得最大的链路容量。数据链路层的主要任务是加权物理层传输原始比特，使之对上层呈现一条无差错的链路，该层一般包括介质访问控制（Media Access Control，MAC）子层与逻辑链路控制（Logical Link Control，LLC）子层，其中 MAC 层规定了不同用户如何共享信道资源，LLC 层负责向网络层提供统一的服务接口。网络层的主要功能包括分组路由、网络互联等。传输层负责数据流的传输控制，提供可靠、高效的数据传输服务。

网络管理技术主要功能包括对传感器节点自身的管理以及用户对传感器网络的管理。网络管理模块是网络故障管理、计费管理、配置管理、性能管理的总和。其他还包括网络安全模块、移动控制模块、远程管理模块。传感器网络的应用支撑技术为用户提供各种应用支撑,支持时间同步、节点定位,并向用户提供协调应用服务接口。

无线传感器网络多采用 5 层协议标准,即物理层、数据链路层、网络层、传输层、应用层,它与互联网协议的 5 层协议相对应。另外,协议栈还包括能量管理平台、移动管理平台和任务管理平台。这些管理平台使得传感器节点能够按照高效的能源方式协同工作,在节点移动的传感器网络中转发数据,并支持多任务和资源共享。各层协议和平台的功能如下。

(1)物理层负责数据的调制发送与接收,该层的设计将直接影响电路的复杂度和能耗。其研究的目标是设计低成本、低功耗、小体积的传感器节点。无线传感器网络的传输介质可以是射频、红外、光纤,实践中大量采用的是基于无线电的射频电路。

(2)数据链路层负责数据流的多路复用、数据帧检测、媒体介入和差错控制,以保证无线传感器网络中节点之间的连接。

(3)网络层无线传感器网络中节点和接收器节点之间需要特殊的多跳无线路由协议。传统的点对点(Ad-Hoc)网络多基于点对点的通信。而为了增加路由可达度,并考虑到无线传感器网络的节点并不稳定,在传感器节点中多使用广播通信,路由算法也基于广播方式进行优化。此外,与传统的 Ad-Hoc 网络路由技术相比,无线传感器的路由算法在设计时需要特别考虑能耗问题。无线传感器网络的网络层设计特色还体现在以数据为中心。

(4)传输层负责数据流的传输控制,协助维护数据流,是保障通信质量的重要部分。

(5)应用层包括一系列基于监测任务的应用层软件。

(6)能量管理平台管理传感器节点如何使用能源,在各个协议层都需要考虑节省能量。

(7)移动管理平台检测并注册传感器节点的移动,维护到汇聚节点的路由,使得传感器节点能够动态跟踪其邻居的位置。

(8)任务管理平台在一个给定的区域内平衡和调度监测任务。

1.4　无线传感器网络的支撑技术

1. 时间同步技术

时间同步技术是完成实时信息采集的基本要求,也是提高定位精度的关键手段。常用方法是通过时间同步协议完成节点的时间同步,通过滤波技术抑制时钟噪声和漂移。最近,利用耦合振荡器的同步技术实现网络无状态自然同步的方法也备受关注,这是一种高效的可无限扩展的时间同步新技术。

由于无线传感器网络节点配置低,节点晶振漂移现象严重,为了保证节点间能以一个统一步调运作,必须对各节点进行定期时间同步。时间同步对时间敏感监测应用非常关键,同时它也是一些依赖局部同步或全局同步的网络协议设计的基础。传统互联网上的时间同步技术(如 Network Time Protocol,NTP)由于实现复杂及开销大而不利于无线传感器网络应用,现已有很多国内外学者针对无线传感器网络的时间同步问题展开研究。

2. 定位技术

定位技术包括节点自定位和网络区域内的目标定位跟踪。节点自定位是指确定网络中节点自身位置，这是随机部署组网的基本要求。全球定位系统（Global Positioning System，GPS）技术是经常采用的室外自定位手段，但其一方面成本较高，另一方面在有遮挡的地方会失效。传感器网络更多采用混合定位方法：手动部署少量的锚节点（携带 GPS 模块），其他节点根据拓扑和距离关系进行间接位置估计。目标定位跟踪通过网络中节点之间的配合完成对网络区域中特定目标的定位和跟踪，一般建立在节点自定位的基础上。

定位技术是大多数无线传感器网络应用的基础，同时也是一些网络协议设计的必备基础，无线传感器网络定位算法的研究有基于到达时间（Time of Arrival，TOA）、到达时间差（Time Difference of Arrival，TDOA）以及信号接收强度（Received Signal Strength Indication，RSSI）估计方法进行扩展的定位算法。这些算法受环境多径传播及信号衰落的影响较大，因此也有研究人员提出多点协作的定位算法，如质心算法、无定型定位算法（Amorphous Positioning Algorithm）等，这些算法不同于传统的定位算法，它们是通过节点间的相互关系进行定位的。Pathirana P N 等还提出了一个基于移动机器人的新颖的定位算法，在该算法中机器人带有 GPS 装置，在各节点间移动，每个节点在接收到它发出的信号后，通过判断与它的位置关系来确定自己的位置。

3. 分布式数据管理和信息融合

分布式动态实时数据管理是以数据中心为特征的 WSN 的重要技术之一，该技术部署或者指定一些节点为代理节点，由代理节点根据监测任务收集兴趣数据。监测任务通过分布式数据库的查询语言下达给目标区域的节点。在整个体系中，WSN 被当作分布式数据库独立存在，实现对客观物理世界的实时动态监测。

4. 安全技术

安全技术在军事和金融等敏感信息传递应用中有直接需求。传感器网络部署环境和传播介质的开放性，很容易受到各种攻击。但受无线传感器网络资源限制直接应用安全通信、完整性认证、数据新鲜性、广播认证等现有算法存在实现的困难。鉴于此，研究人员一方面探讨在不同组网形式、网络协议设计中可能遭到的各种攻击形式；另一方面设计安全强度可控的简化算法和精巧协议，满足传感器网络的现实需求。

1.5　无线传感器网络特点

无线传感器网络除了具有同 Ad-Hoc 网络一样的移动性、断接性、电源能力局限性等共同特征之外，还有其他一些特点。这些特点为无线传感器网络的有效应用提出了一系列机遇和挑战。

1.5.1　系统特点

无线传感器网络是一种分布式网络，它的末梢是可以感知和检查外部世界的传感器。

无线传感器网络中的传感器通过无线方式通信,因此网络设置灵活,设备位置可以随时更改,还可以与互联网以有线或无线的方式进行连接。

　　无线传感器网络是由大量无处不在、具有无线通信和计算能力的微小传感器节点构成的自组织分布式网络系统,能根据环境自主完成指定任务的智能系统,具有群体智能自主自治系统的行为实现和控制能力,能感知、采集和处理网络覆盖区域中感知对象的信息,并将其发送给观测者。

1.5.2　技术特点

　　无线传感器网络系统通常包括传感器节点、汇聚节点和管理节点。大量的传感器节点随机部署在检测区域或附近,这些传感器节点无须人员值守。节点之间通过自组织方式构成无线网络,以协作的方式感知、采集和处理网络覆盖区域中特定的信息,可以实现对任意地点的信息在任意时间进行采集、处理和分析。监测的数据沿着其他传感器节点通过多跳中继方式传回汇聚节点,最后借助汇聚链路将整个区域内的数据传送到远程控制中心进行集中处理,用户通过管理节点对传感器网络进行配置和管理,发布监测任务以及收集监测数据。

　　目前,常见的无线网络包括移动通信网、无线局域网、蓝牙网络、Ad-Hoc 网络等。与这些网络相比,无线传感器网络具有以下特点。

　　(1)传感器节点体积小,电源能量有限,传感器节点各部分集成度很高。由于传感器节点数量大、分布范围广、所处环境复杂,有些节点位置甚至人员都不能到达,传感器节点能量补充会存在困难,所以在考虑传感器网络体系结构及各层协议设计时,节能是需要慎重考虑的目标之一。

　　(2)计算和存储能力有限。由于无线传感器网络应用的特殊性,要求传感器节点的价格低、功耗小,这必然导致其携带的处理器能力比较弱,存储器容量比较小。因此,如何利用有限的计算和存储资源完成诸多协同任务,也是无线传感器网络技术与应用的研究内容之一。

　　(3)无中心和自组织。在无线传感器网络中,所有节点的地位都是平等的,没有预先制定的中心,各节点通过分布式算法来相互协调,可以在无须人工干预和任何其他预置的网络设施的情况下,自动组织成网络。由于无线传感器网络没有中心,所以网络不会因为单个节点的损坏而损坏,这使得网络具有较好的鲁棒性和抗毁性。

　　(4)网络动态性强。无线传感器网络主要由三个要素组成,分别是传感器节点、感知对象和观察者,这三要素都可能具有移动性,网络必须具有可重构性和自调整性。因此,无线传感器网络具有很强的动态性。

　　(5)传感器节点数量大且具有自适应性。无线传感器网络中传感器节点密集,数量巨大。此外,无线传感器网络可以分布在很广泛的地理区域,网络的拓扑结构变化很快,而且网络一旦形成,无须人为干预,因此无线传感器网络的软、硬件必须具有高鲁棒性和容错性,相应的通信协议必须具有可重构性和自适应性。

（6）以数据为中心的网络。对于观察者来说,传感器网络的核心是感知数据而不是网络硬件。以数据为中心的特点要求传感器网络的设计必须以感知数据的管理和处理为中心,把数据库技术和网络技术紧密结合,从逻辑概念和软、硬件技术两方面实现一个以数据为中心的高性能网络系统,使用户如同使用通常的数据库管理系统和数据处理系统一样,自如地在传感器网络上进行感知数据的管理和处理。

1.6　无线传感器网络应用

无线传感器网络作为物联网的重要组成部分,其应用涉及人类日常生活和社会生产活动的许多领域。无线传感器网络不仅在工业、农业、军事、环境、医疗等传统领域具有巨大的应用价值,还将在许多新兴领域体现其优越性如仓库物流管理、火山监测、空间海洋探索等领域。可以预见,未来无线传感器网络将无处不在,并更加密切地融入人类生活的方方面面。

1.6.1　军事领域

WSN 是军事指挥系统中控制、通信、计算、情报、监视、侦察和定位等系统中的重要组成部分。无线传感器网络具有的部署快捷性、自组织性和容错性,使其在遥感军事技术中具有很好的发展前景。由于无线传感器网络是基于一次性和低成本节点的密集部署,所以即使敌方采取破坏行动使部分节点失效,也不会像破坏传统传感器一样严重影响军事行动,因此无线传感器网络在战场上的应用得到了推广。例如军用无线传感器网络在军事上可用于监测友军、装备和弹药,监控战场,侦察敌方军队和地形,锁定目标,评估战损以及检测和侦察核生化袭击。

美军装备的枪声定位系统可用于打击战场上的狙击手。其中,部署在街道或道路两侧的声音传感器,可用于检测轻武器射击时产生的枪口爆炸波以及子弹飞行时产生的振动冲击波,这些声波信号通过无线传感器网络传送给附近的计算机,从而计算出狙击手的坐标位置,如图1-4 所示。

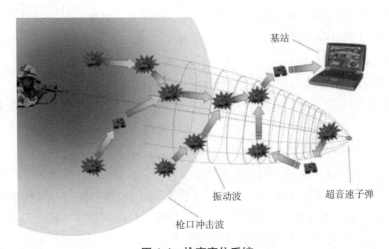

图1-4　枪声定位系统

1.6.2　农业领域

无线传感器网络的一个重要应用领域是农业。民以食为天,而农业生产的特点是面积大,植物生长环境因素随机多变,情况复杂。无线传感器网络可以监控农业生产中的土壤、农作物、气候的变化,提供一个配套的管理支持系统,精确监测一块土地,并提供重要的农业资源,使农业生产过程更加精细化和自动化。

大量的传感器节点散布到要监测的区域并构成监控网络,通过各种传感器采集信息,以帮助农民及时发现问题,并且准确地确定发生问题的位置。这样,农业生产将有可能逐渐从以人力为中心、依赖孤立机械的生产模式转向以信息和软件为中心的生产模式,从而大量使用各种自动化、智能化、远程控制的生产设备。

在加拿大奥克那根谷的一个葡萄园里,某管理区域部署了一个无线传感器网络,将 65 个节点布置成网格状,用来监控和获取温度的重大变化(热量总和与冻结温度周期),在葡萄园中,温度是最重要的参数,它既影响产量又影响品质。酿酒用的葡萄只有在 10 ℃以上才会真正生长,更重要的是不同品种的酿酒葡萄需要不同的热量,也就是不同的区域适宜不同的葡萄生长。该网络的部署主要是为了测量在生长季节里当地温度超过 10 ℃的时间,即使管理者在外出或休闲时也能随时收到相关信息,以便加强田间管理,提高作物的质量和产量。

1.6.3　工业领域

在工业安全方面,无线传感器网络技术可用于危险的工作环境,例如在煤矿、石油钻井、核电厂和组装线布置传感器节点,可以随时监测工作环境的安全状况,为工作人员的安全提供保证。另外,传感器节点还可以代替部分工作人员到危险的环境中执行任务,这不仅降低了危险程度,而且提高了对险情的反应精度和速度。

无线传感器网络使传感器形成局部物联网,实时地交换和获得信息,并最终汇聚到互联网,形成物联网重要的信息来源和基础应用。

1.6.4　环境的监测和保护

随着人们对于环境问题的关注程度越来越高,需要采集的环境数据也越来越多,无线传感器网络的出现为随机性的研究数据获取提供了便利,并且还可以避免传统数据收集方式给环境带来的侵入式破坏。比如,英特尔研究实验室研究人员曾经将 32 个小型传感器接入进互联网,以读出缅因州大鸭岛上的气候数据,用来评价一种海燕巢的条件。无线传感器网络还可以跟踪候鸟和昆虫的迁移,研究环境变化对农作物的影响,监测海洋、大气和土壤的成分等。此外,它也可以应用在精细农业中,如控制、监测农作物中的害虫、土壤的酸碱度和施肥状况等。

1.6.5　医疗护理

无线传感器网络也用于多种医疗保健系统中,包括监测患有帕金森病、癫痫病、心脏病的病人,监测中风或心脏病康复者和老人等。开发可靠且不易被察觉的健康监护系统,并穿戴在病人身上,医生可以通过无线传感器网络的预警和报警来及时实施医疗干预,这样便降低了医疗延误,也减轻了人力监护工作的强度。

无线传感器网络在医疗卫生和健康护理等方面具有广阔的应用前景,包括对人体生理数据的无线检测、对医院医护人员和患者进行追踪和监控、对医院的药品管理和贵重医疗设备放置场所的监测等,看护对象也可以通过随身装置向医护人员发出求救信号。

1.6.6　火山监测

WSN 也可用于人类不能长时间停留的极端环境中,火山监测就是这种极端环境应用的一个例子,一个无线传感器网络可以很容易地部署到靠近活火山的地方,不断监测其活动,并可以提供现有工具无法提供的大量高分辨率信息。

2004—2005 年,对厄瓜多尔的两座火山的研究证明了 WSN 可用于火山监测。2004年,具有 3 个配有麦克风的传感器节点的小型网络被用于监测厄瓜多尔中部正在喷发的Tangurahua 火山。2005 年,16 个装备了地震和声学传感器的 TMmote Sky 节点被用于持续监测位于厄瓜多尔北部的雷文塔多(Reventador)火山达 19 天。这些传感器节点配备了高增益外部天线来延长通信距离, 3 个远距离通信节点被用来将数据传输到 1 个中央控制器,中央控制器覆盖 3 km 的范围。1 台装备了定向天线的便携式计算机被用来接收收集的信息和管理远程网络。

1.7　典型的无线通信网络技术

1. 蓝牙技术

蓝牙(Bluetooth)是 1994 年由爱立信公司首先提出的一种短距离无线通信技术规范,这个技术规范是使用无线连接来替代已经广泛使用的有线连接。1999 年 12 月 1 日,蓝牙特殊利益集团发布了蓝牙标准的最新版 1.0B,该标准主要定义了底层协议,同时为保证和其他协议的兼容性,也定义了一些和高层协议的相关接口。

Bluetooth 技术能够实现单点对多点的无线数据和声音传输,通信距离在 10 m 的半径范围内,数据传输带宽最高可达 1 Mb/s。 Bluetooth 工作在全球开放的 2.4 GHz 工业、科学和医疗(ISM)频段,使用跳频频谱扩展技术,通信介质为 2.402 ~ 2.480 GHz 的电磁波,没有特别的通信视角和方向要求。Bluetooth 具有功耗低、支持语音传输、通信安全性好、组建网络简单等特点。

Bluetooth 可能是最常见的无线功能类型,其宗旨是提供一种短距离、低成本的无线传输应用技术。它有许多应用,但最常见的应用之一是传输无线传感器数据。如每分钟测量一次温度的传感器设备,或每 10 分钟记录并传输其位置的 GPS 设备。

在许多情况下, Bluetooth 产品仅由小型硬币形电池供电。如果很少发送数据,那么使用纽扣电池运行的蓝牙设备的电池寿命可能为一年或更长时间。蓝牙广泛应用于手机和平板电脑,成为将产品与移动应用程序接口的理想解决方案。它还支持高达 1 Mbs 的传输速度(经典蓝牙可以达到 2~3 Mb/s)。

2. 近场通信(Near-Field Communication,NFC)

NFC 最早是由飞利浦公司发起,由诺基亚等知名手机厂商联合主推的一项无线技术。NFC 由非接触式射频识别(Radio Frequency Identification, RFID)及互联互通技术整合演变而来,在单一芯片上结合感应式读卡器、感应式卡片和点对点的功能,能在短距离内与兼容设备进行识别与数据交换。如果将 NFC 芯片装在手机上,手机就可以实现小额电子支付和读取其他 NFC 设备或标签的信息等功能。

NFC 的短距离交互大大简化了整个认证识别过程,使电子设备间的相互访问更直接、更安全且更清楚。通过 NFC,手机、电脑、相机、掌上电脑(Personal Digital Assistant, PDA)等多个设备之间可以方便快捷地进行无线连接,进而实现数据交换服务。

NFC 与本节讨论的其他无线技术有着本质区别。 NFC 使用两个线圈之间共享的电磁场进行通信,而所有其他无线技术都发出无线电波。

3.Z-Wave

Z-Wave 技术是一种开放的、国际认可的国际电信联盟(International Telecommunication Union, ITU)标准(G.9959),是目前领先的无线智能家居技术之一,在全球拥有超过 2 700 种经过认证、可互操作的产品。Z-Wave 技术以 Z-Wave 联盟(Z-Wave Alliance)为代表,已获得全球 700 多家厂商的支持,是为家庭安全、能源、饭店、办公室和轻型商业应用提供智慧解决方案的关键因素。Z-Wave 技术最初由 Zensys 公司于 1999 年设计,它是一家坐落于哥本哈根的初创公司, 2008 年 12 月被西格玛设计(Sigma Designs)收购,又于 2018 年 4 月由芯科科技(Silicon Labs)收购。

Z-Wave 主要吸引力之一在于它可为 Sub-GHz 频段提供网状网络,避免了有时拥挤的 2.4 GHz 工业、科学和医疗(ISM)频段,大多数其他标准的物联网(Internet of Things, IoT)协议都是用这个频段。互通性和向后兼容性是 Z-Wave 技术理念的关键原则,在设备制造和生态系统领域吸引了不少支持,为 Z-Wave 联盟的成功打下了坚实基础。

4.Wi-Fi 技术

Wi-Fi(Wireless Fidelity,无线保真)是一种可以将个人电脑、手持设备(如 Pad、手机)等终端以无线方式互相连接的技术,改善基于 IEEE 802.11 标准的无线网络产品之间的互通性,很多人把使用 IEEE 802.11 系列协议的局域网就称为 Wi-Fi。

产业标准组织 Wi-Fi 联盟进行无线局域网(Wireless Local Area Network, WLAN)的推广和认证工作,所以 WLAN 技术被称为 Wi-Fi。WLAN 技术标准主要包括 IEEE 802.11a、IEEE 802.11b、IEEE 802.11g 等。 IEEE 802.11a 无障碍的接入距离为 30~50 m,其使用 5 GHz 的频段,速率可达 54 Mb/s,并运用交频分复用(Orthogonal Frequency Division Multiplexing, OFDM)技术; IEEE 802.11b 利用 2.4 GHz 的频段,支持 11 Mb/s 的公用接入速率; IEEE 802.11g 是混合 IEEE 802.11a 及 IEEE 802.11b 的一种标准,它比 IEEE 802.11b 速率快 5 倍,并与 IEEE 802.11a 相兼容。另外,WLAN 还有安全方面、服务质量(Quality of Service,QoS)

等方面的标准、接入点之间的切换协议等,如 IEEE 802.11i、IEEE 802.11e、IEEE 802.11f 等。

5. 紫蜂(ZigBee)技术

ZigBee 联盟成立于 2001 年 9 月,其成员为半导体厂商、无线 IP 供应商、定点生产 (Original Equipment Manufacturer, OEM)厂商及终端用户,飞思卡尔、飞利浦、三菱、三星、 IBM(International Business Machines Corporation)及华为等均为 ZigBee 联盟会员。ZigBee 联盟的宗旨是在一个开放式全球标准的基础上使稳定的、低成本的、低功耗的、无线联网的 监控和控制产品成为可能。

ZigBee 来源于蜜蜂群赖以生存和发展的通信方式。蜜蜂通过跳 ZigZig 形状的舞蹈传 递新发现的食物源的位置、距离与方向等信息。

ZigBee 使用 2.4 GHz、868 MHz 或 915 MHz 频段,传输速率为 250 Kbps、20 Kbps、 40 Kbps,传输距离为 50 m,支持高达 65 000 个节点,广泛应用于智能家居、智能建筑、智能 医疗、能源管理、工业控制与自动化、无线传感器网络等领域,其中无线传感器网络是在实体 环境中嵌入许多无线传感器,以获取、存储并发送资料给主电脑进行分析,例如监测温度、湿 度等环境变化,监测军事行动或交通状况,监测化学物质或放射性物质的浓度,追踪与监测 病人的健康数据,自动抄表等。

6.LoRa/LoRaWAN

远距离无线电(Long Range Radio,LoRa)为低功耗广域网(Low Power Wide Area Network, LPWAN)通信技术的一种,是 Semtech 公司于 2013 年发布的超长距离低功耗数据传 输技术。以往,在 LPWAN 产生之前,似乎只能在远距离以及低功耗两者之间做取舍。而 LoRa 技术的出现,改变了关于传输距离与功耗的折中考虑方式,不仅可以实现远距离传输, 并且同时兼具低功耗、低成本的优点。

LoRa 是美国 Semtech 公司采用和推广的一种基于扩频技术的超远距离无线传输方案。 许多传统的无线系统使用频移键控(Frequency Shift Keying, FSK),可以有效满足低功耗的 需求。LoRa 是基于线性调频扩频调制,不仅保留了与 FSK 调制相同的低功耗特性,并增加 了通信距离,提高了网络效率,还消除了干扰。而 LoRaWAN 则是用来定义网络的通信协议 和系统架构,是由 LoRa 联盟推出的低功耗广域网标准,可以有效地实现 LoRa 物理层支持 远距离通信。此协议和架构对于终端的电池寿命、网络容量、服务质量、安全性以及适合的 应用场景,都有深远的影响。简而言之,LoRaWAN 其实就是一种网络。

7.NB-IoT 技术

窄带物联网(Narrow Band Internet of Things, NB-IoT)是 IoT 领域一个新兴的技术,构 建于蜂窝网络,只消耗大约 180 kHz 的带宽,可直接部署于全球移动通信系统(Global System for Mobile Communications, GSM)网络、通用移动通信系统(Universal Mobile Telecommunications System, UMTS)网络或长期演进(Long Term Evolution, LTE)网络,以降低部署 成本、实现平滑升级。NB-IoT 聚焦于低功耗广覆盖物联网市场,是一种可在全球范围内广 泛应用的新兴技术,具有覆盖广、连接多、速率快、成本低、功耗低、架构优等特点。NB-IoT 工作在授权频段,可采取带内、保护带或独立载波等三种部署方式与现有网络共存。

NB-IoT 的关键特性有以下几点。

（1）海量连接：每小区可达 10 万连接。NB-IoT 比 2G/3G/4G 有 50~100 倍的上行容量提升，这也就意味着，在同一基站的情况下，NB-IoT 可以比现有无线技术提供 50~100 倍的接入数。

（2）超低功耗：电池寿命长达 5 年以上。通信设备消耗的能量往往与数据量或速率相关，即单位时间内发出数据包的大小决定了功耗的大小。数据量小，设备的调制解调器和功放就可以调到非常小的水平。NB-IoT 聚焦小数据量、小速率应用，因此 NB-IoT 设备功耗可以做到非常小，可以保障电池拥有 5 年以上的使用寿命。

（3）深度覆盖：能实现比 GSM 高 20 dB 的覆盖增益。NB-IoT 提升 20 dB 增益，相当于发射功率提升 100 倍，即覆盖能力提升 100 倍，就算在地下车库、地下室、地下管道等信号难以到达的地方也能覆盖到。

（4）稳定可靠：能提供电信级的可靠性接入，有效支撑 IoT 应用和智慧城市解决方案。

（5）安全性：继承 4G 网络安全能力，支持双向鉴权以及空口严格加密，确保用户数据的安全性。

1.8　本章总结

本章主要讲解了无线传感器网络的基础知识，首先介绍了无线传感器网络发展历程和技术特点，然后介绍了网络体系结构。通过本章的学习可以知道以下几点。

（1）无线传感器网络是由部署在监测区域内大量的廉价微型传感器通过无线通信方式形成的一个多跳的自组织的网络系统，其目的是协作地感知、采集和处理网络覆盖区域中被感知对象的信息，并经过无线网络发送给观察者。

（2）网络协议栈体系结构包括网络的协议分层以及网络协议的集合，由网络通信协议、传感器网络管理以及应用支撑技术组成。

（3）无线传感器网络的支撑技术有时间同步技术、定位技术、数据融合以及网络安全技术。

1.9　习题

一、选择题

1. 无线传感器网络通常包括传感器节点、汇聚节点和（　　　）。

A. 管理节点　　　　B. 卫星　　　　　C. 互联网　　　　D. 终端节点

2. 无线传感器网络的三个要素：传感器、感知对象和（　　　）。

A. 上位机　　　　　B. 观察者　　　　C. 控制软件　　　D. 终端

3. 无线传感器网络中的（　　　），无须人工干预，网络节点能够感知其他节点的存在，并确定连接关系，组成结构化的网络。

A. 自愈功能　　　　　　　　　　B. 自组织功能

C. 碰撞避免机制　　　　　　　　D. 数据传输机制

4. 无线传感器节点的基本功能：数据采集、数据处理和(　　　)、通信。

A. 控制　　　　B. 传递　　　　C. 感应　　　　D. 处理

5. (　　　)不是限制传感器网络的条件。

A. 电源能量有限　　　　　　　　B. 通信能量有限

C. 环境受限　　　　　　　　　　D. 计算和存储能力有限

二、简答题

1. 什么是无线传感器网络？

2. 无线传感器网络的特点有哪些？

3. 常用的无线通信网络技术有哪些？

第 2 章　CC2530 入门知识

本章的主要内容是无线传感器网络的入门基础知识,通过两个任务详细地介绍如何搭建 CC2530 开发环境以及烧写单片机程序。通过本章学习,可以对 CC2530 单片机的开发与使用有一个初步的了解,为后续的学习提供必要的理论知识和操作技能。

知识目标

- 了解硬件开发平台。
- 掌握使用 IAR 建立、配置工程的步骤。

技能目标

- 能够正确安装 IAR 和 SmartRF Flash Programmer 软件。
- 能够使用 IAR 搭建开发环境。
- 能够使用 SmartRF Flash Programmer 软件烧写程序。

2.1　CC2530 开发板硬件资源概述

ZigBee 技术是一种近距离、低复杂度、低功耗、低速率、低成本的双向无线通信技术,主要应用于距离短、功耗低且传输速率不高的各种电子设备之间。其典型的传输数据类型有周期性数据(如传感器数据)、间歇性数据(如照明控制)和重复性反应时间数据(如鼠标)。ZigBee 网络主要是为工业现场自动化控制数据传输而建立的,因而它必须具有操作简单、使用方便、工作可靠、价格低的特点。因此,ZigBee 技术成为实现无线传感器网络最重要的技术之一。但是 Zigbee 的应用开发综合了传感器技术、嵌入式技术、无线通信技术,使其对于普通开发者来说似乎遥不可及。

随着集成电路技术的发展,无线射频芯片厂商采用片上系统(System on Chip,SoC)的办法,对高频电路进行了大量的集成,大大地简化了无线射频应用程序的开发。其中,最具代表性的是 Zigbee/IEEE 802.15.4 片上系统解决方案 CC2530 单片机。

TI(Texas Instruments)公司提供完整的技术手册、开发文档、工具软件,使得普通开发者开发无线传感器网络应用成为可能。TI 公司不仅提供了实现 ZigBee 网络的无线单片机,而且免费提供了符合 ZigBee 2007 协议规范的协议栈 Z-Stack 和较为完整的开发文档。因此,CC2530 + Z-Stack 成为目前 ZigBee 无线传感器网络开发的最重要技术之一。

使用 CC2530+Z-Stack 开发 ZigBee 无线传感器网络应用需要以下开发环境。

（1）CC2530开发板。目前,有众多厂家提供了CC2530射频模块,实现了射频功能,并将所有输入/输出(Input/Output, I/O)引脚引出。在硬件方面,TI公司已经推出了完全支持ZigBee协议的单片机CC2530,同时也推出了相应的开发套件。

（2）IAR集成开发环境。它是C/C++的编译环境和调试器,应用于嵌入式系统的开发工具。

（3）Z-Stack协议栈。在软件方面,TI公司也推出了相应的Z-Stack协议栈。

（4）一台能够运行IAR软件的计算机。

本书进行ZigBee无线网络的开发是以新大陆教育公司的NEWLab实训平台为例进行硬件方面的讲解。该平台具备8个通用实训模块插槽,支持单个实训模块实验,或最多8个实训模块联动实验。该平台内集成通信、供电、测量等功能,为实训提供环境保障和支撑。该平台中还内置了一块标准尺寸的面包板及独立电源,用于进行电路搭建实训。NEWLab实训平台底板接口如图2-1至图2-3所示。

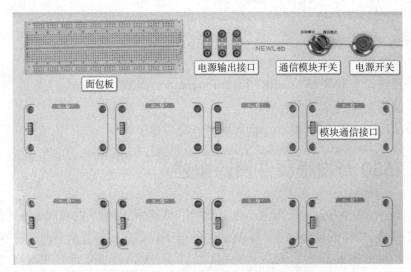

图2-1　NEWLab实训平台底板接口正面

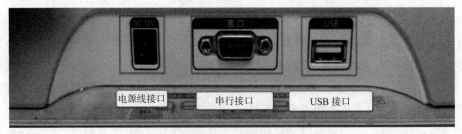

图2-2　NEWLab实训平台底板接口侧面

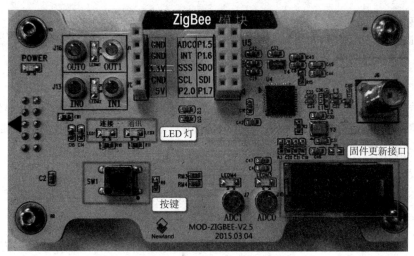

图 2-3　ZigBee 无线通信模块

2.2　任务 1:搭建 IAR 开发环境

IAR Systems 是全球领先的嵌入式系统开发工具和服务供应商,该公司成立于 1983 年,提供的产品和服务涉及嵌入式系统的设计、开发和测试的每一个阶段,包括:带有 C/C++ 编译器和调试器的集成开发环境(Integrated Development Environment, IDE)、实时操作系统和中间件、开发套件、硬件仿真器以及状态机建模工具。它最著名的产品是 C 编译器 IAR Embedded Workbench,支持众多知名半导体公司的微处理器。

IAR 根据支持的微处理器种类不同分为许多版本,由于 CC2530 使用的是 8051 内核,因此需要选用的版本是 IAR Embedded Workbench for 8051。IAR 的工作界面如图 2-4 所示。

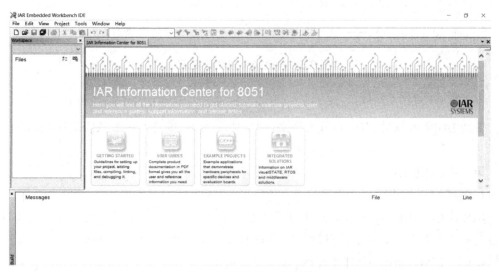

图 2-4　IAR 的工作界面

【任务要求】

使用 IAR 建立工程和项目,利用给出的代码生成要烧写到 CC2530 中的下位机程序文件,并将生成的 hex 文件烧写到实验板上观察执行效果。

【必备知识】

要让单片机完成特定的工作,需要对其进行程序设计,开发人员利用编程工具将编写好的控制代码编译生成二进制文件(常见的有 hex 文件和 bin 文件)并下载到单片机中。

1. 编程语言

编程语言为单片机编写程序,目前主要使用汇编语言和 C 语言。

(1)汇编语言。汇编语言属于机器语言,用它编写的控制代码执行效率高,但是可读性和可维护性差,因此不利于编写复杂程序。

(2)C 语言。用于单片机编程的 C 语言与通常学习的 C 语言基本上是相同的,仅有一些关键词的定义不同。C 语言便于识读和管理代码,简单易学,已经成为目前单片机程序开发人员使用的主流语言。

2. 编程环境

单片机的编程环境是指编写和编译代码使用的工具软件。编程环境有许多种,有的是单片机生产厂商为自己的产品专门设计的,也有很多编程环境能够支持很多厂商的不同型号的单片机产品。目前,主流使用的单片机编程环境有 IAR 和 Keil。

【任务实施】

使用 IAR 集成开发环境进行软件开发遵循如下几个步骤(图 2-5)。

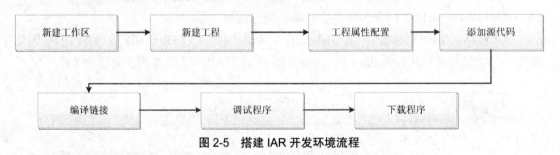

图 2-5　搭建 IAR 开发环境流程

第一步,安装相关软件。

安装 IAR9.30 软件,双击打开安装文件 EW8051-9303-Autorun.exe,推荐使用默认安装路径,如图 2-6 所示。

第二步,创建工程。

1. 创建 IAR 工作区

IAR 使用工作区(Workspace)来管理工程项目,一个工作区中可以包含多个为不同应用创建的工程项目。IAR 启动的时候会自动新建一个工作区,也可以使用菜单命令【File】→【New】→【Workspace】新建工作区,如图 2-7 所示。

图 2-6　IAR9.30 软件安装主界面

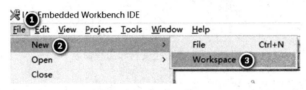

图 2-7　新建工作区

2. 创建 IAR 工程

IAR 使用工程来管理一个具体的应用开发项目,工程主要包括开发项目所需的各种代码文件。使用菜单命令【Project】→【Create New Project...】来创建一个新的工程,如图 2-8 (a)所示,此时弹出如图 2-8(b)所示的对话框,选择"Empty project"来建立空白工程,点击"OK"按钮后弹出如图 2-9 所示的对话框,用来选择工程要保存的位置。

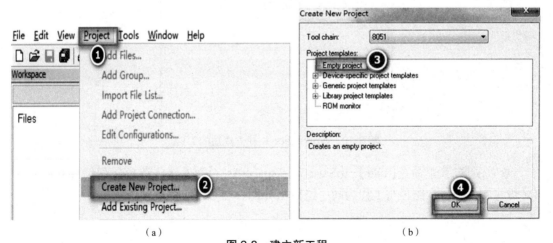

（a）　　　　　　　　　　　　　　　（b）

图 2-8　建立新工程

（a）菜单命令　（b）"Create New Project"对话框

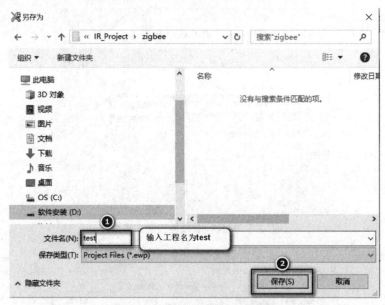

图 2-9　工程路径设置和工程命名

在图 2-9 "文件名"后的文本框中为工程起名后保存工程。设置工程保存路径 "D:\IR_Project\zigbee"和文件名为 "test"，点击 "保存"按钮。之后会在 IAR 的 "Workspace"窗口中看到建立成功的工程，如图 2-10 所示。

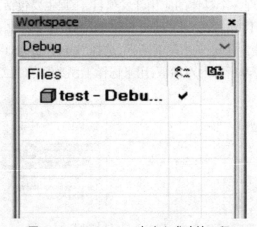

图 2-10　Workspace 中建立成功的工程

最后，通过菜单命令【File】→【Save Workspace As...】为工作区选择保存位置并起名保存（设置工作区保存路径与工程为同一路径），如图 2-11 所示。

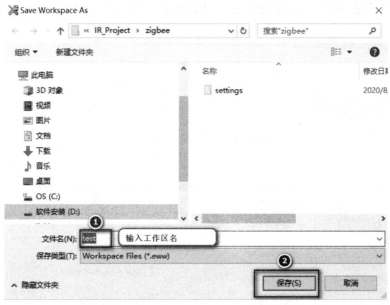

图 2-11　保存工作区

3. 配置工程属性

工程创建好后，为使工程支持 CC2530 单片机和生成 hex 文件等，还需要对工程的选项进行属性配置。在"Workspace"中列出的项目上单击鼠标右键，弹出如图 2-12 所示的快捷菜单，选择其中的【Options...】，弹出如图 2-13 所示的"工程选项"窗口。

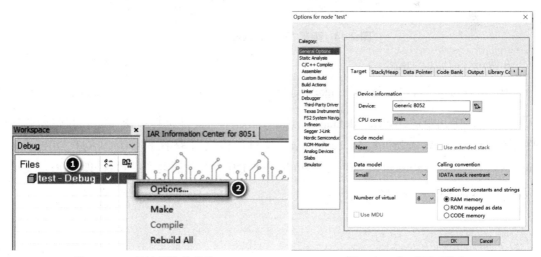

图 2-12　工程控制快捷菜单　　　　　　　图 2-13　"工程选项"窗口

1）配置单片机型号

因为所使用的是 CC2530 单片机，所以需要在工程中将单片机型号做相应设置。在"工程选项"窗口中选择"General Options"选项下的"Target"选项卡，在"Device information"选项区里点击"Device"最右侧按钮，然后从"Texas Instruments"文件夹中选择"CC2530F256.

i51"文件并打开,最终在"Device"后面的文本框中显示"CC2530F256",如图 2-14 所示。

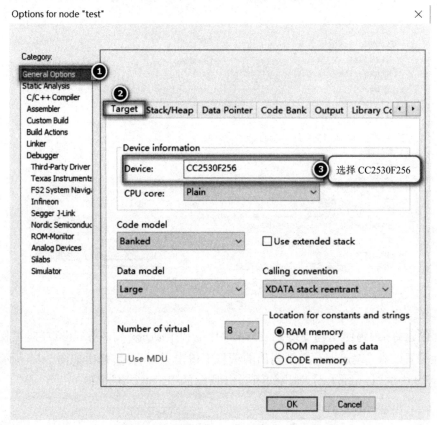

图 2-14　配置"General Options"选项

2)配置"Linker"选项

在"工程选项"窗口中选择"Linker"选项下的"Config"选项卡,勾选"Linker configuration file"选项区中的"Override default"复选框,然后单击文件选择按钮 ⋯ ,在弹出的文件中选择"lnk51ew_cc2530F256_banked.xcl"文件。该文件路径是 $TOOLKIT_DIR$\config\devices\Texas Instruments\。其中, $TOOLKIT_DIR$ 表示活动产品目录,即 IAR 安装路径。具体过程如图 2-15 所示。

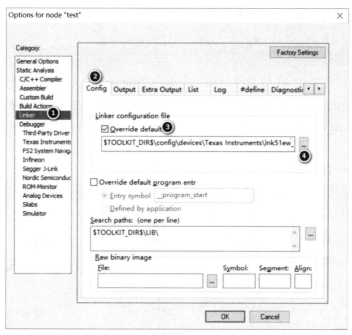

图 2-15　配置"Linker"选项

3)配置"Debugger"选项

在"工程选项"窗口中选择"Debugger"选项下的"Setup"选项卡,然后在"Driver"选项区中选择"Texas Instruments",在"Device Description file"选项区勾选"Override default"复选框,再选择"io8051.ddf"文件,该文件路径是 $TOOLKIT_DIR$\config\devices_generic。其中,$TOOLKIT_DIR$ 表示活动产品目录,即 IAR 安装路径。配置过程如图 2-16 所示。

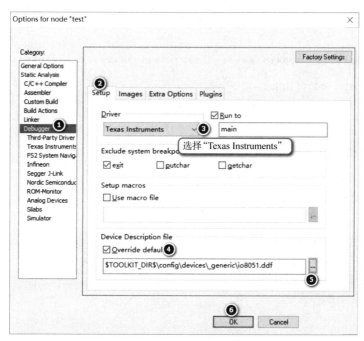

图 2-16　配置"Debugger"选项

所有内容配置完毕后,点击"OK"按钮关闭配置窗口。

4. 添加程序文件

1)创建代码文件

找到工程的保存目录,在目录中新建一个名为"source"的文件夹,以方便管理代码。使用菜单命令【File】→【New】→【File】可在 IAR 中创建一个空白文件,接着将该文件通过菜单命令【File】→【Save】进行保存,将该文件命名为"code.c",并保存到刚创建的"source"文件夹下。

2)将代码文件添加到工程

在"Workspace"窗口中的工程上单击鼠标右键,在弹出的快捷菜单中选择【Add】→【Add File...】命令,找到刚刚创建的"code.c"文件并打开,此时可以看到在"Workspace"窗口中的工程下出现了代码文件,如图 2-17 所示。

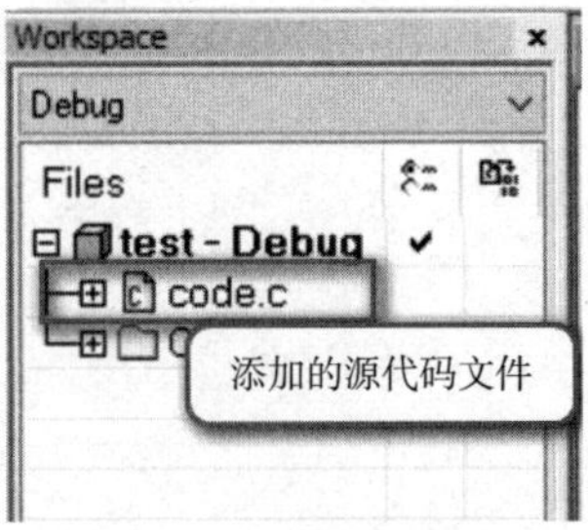

工程名字右上角的黑色"*"表示工程发生改变还未保存,代码文件右侧的红色"*"表示该代码文件还未编译。

图 2-17　添加代码文件

3)向代码文件中添加代码

将下面代码手工输入到"code.c"文件中。

```c
#include "ioCC2530.h"    //CC2530 头文件的引用
/****************************************************
函数名称:delay
功能:软件延时
入口参数:time-- 延时循环执行次数
出口参数:无
返回值:无
****************************************************/
void delay(unsigned int time)
{
    unsigned int i;
    unsigned char j;
    for(i = 0;i < time;i++)
      for(j = 0;j < 240;j++)
      {
        asm("NOP");    //asm 用来在 C 代码中嵌入汇编语言操作,汇
        asm("NOP");    // 命令 nop 是空操作,消耗 1 个指令周期
        asm("NOP");
      }
}
```

```
/**********************************************************
函数名称：main
功能：程序主函数，在该函数中实现灯的状态切换
入口参数：无
出口参数：无
返回值：无
**********************************************************/
void main(void)
{
    P1SEL &= ~0x03;   // 设置 P1 端口 P1_0、P1_1 为通用 I/O 口
    P1DIR |= 0x03;    // 设置 P1 端口 P1_0、P1_1 为输出口

    P1_0 = 0;
    P1_1 = 0;

    While(1)// 程序主循环
    {
        P1_0 = ~P1_0;   //P1_0 口输出状态反转
        delay(1000);  // 延时
        P1_1 = ~P1_1;  //P1_1 口输出状态反转
        delay(1000);  // 延时
    }
}
```

5. 编译链接程序

代码添加完毕后，点击工具栏编译图标 ，编译、链接程序，在 IAR 下方的"Build"窗口中显示"Total number of errors: 0"和"Total number of warning: 0"，表示没有出现错误和警告，说明程序编译、链接成功，如图 2-18 所示。

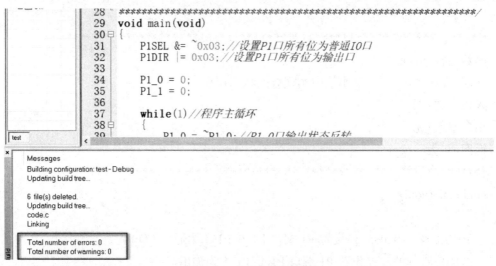

图 2-18　编译、链接程序

6.程序下载

（1）安装 SRF04EB 驱动。将仿真器 SRF04EB 连接到电脑,电脑会提示找到新硬件,选择从列表安装,安装完成后,"设备管理器"窗口如图 2-19 所示。

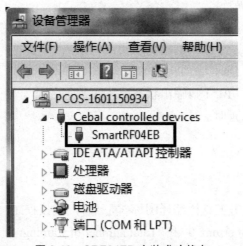

图 2-19　SRF04EB 安装成功状态

（2）把 ZigBee 模块装入 NEWLab 实训平台,并将 SRF04EB 仿真 / 下载器的下载线连接到 ZigBee 模块,如图 2-20 所示。

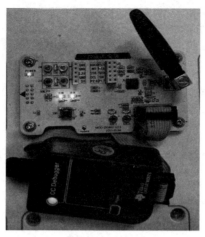

图 2-20　仿真器与 ZigBee 模块连接

（3）点击工具栏中的下载图标 ，下载程序，进入调试状态，如图 2-21 所示。点击单步调试按钮 ，逐步执行每条代码，当第一次执行"P1_0 = ~P1_0"代码时，LED1 灯被点亮；当执行"P1_1 = ~P1_1"代码时，LED2 灯被点亮。再次执行上述动作，发现 LED1 和 LED2 灯被熄灭。如果不需要调试，点击工具栏的全速运行按钮 ，直接执行程序。

注意：下载程序后，程序就被烧写到芯片之中，即实训平台断电后，再接通电源时，依然执行点亮 LED 灯程序。IAR 软件既具有仿真功能，又具有烧写程序功能。

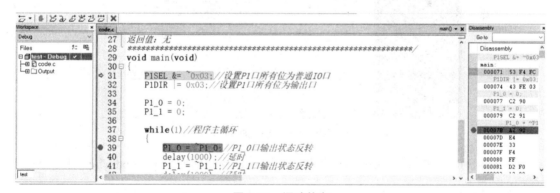

图 2-21　调试状态

通过以上步骤就可以完成软件和驱动的安装、IAR 集成开发环境的搭建、工程属性的配置和程序的编写了，然后在 IAR 环境中通过仿真器进行程序下载与代码调试，使用起来非常方便。

2.3　任务 2：烧写 CC2530 程序

【任务要求】

使用 SmartRF Flash Programmer 软件将 hex 文件烧写到 CC2530 单片机中，观察单片机上 LED 灯的闪烁效果。

【必备知识】

SmartRF Flash Programmer（SmartRF 闪存编程器）可以对 TI 公司低功率射频片上系统的闪存进行编程，还可以用来读取和写入芯片 IEEE/MAC 地址。软件的安装过程十分简单，安装完毕后 SmartRF Flash Programmer 的运行界面如图 2-22 所示。

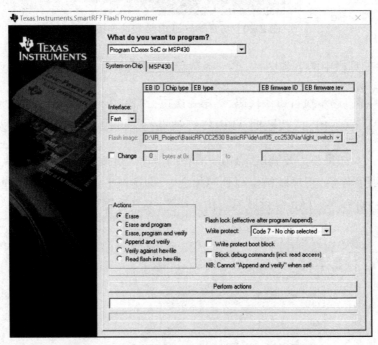

图 2-22　SmartRF Flash Programmer 运行界面

SmartRF Flash Programmer 有多个选项卡可供选择，其中 "System-on-Chip" 用于 TI 公司的 SoC 芯片。

【任务实施】

安装烧写软件。

双击 "Setup_SmartRFProgr" 安装文件，进行默认安装，如图 2-23 所示。

（1）打开 2.2 节所创建的工程。

（2）配置编译器生成 hex 文件。

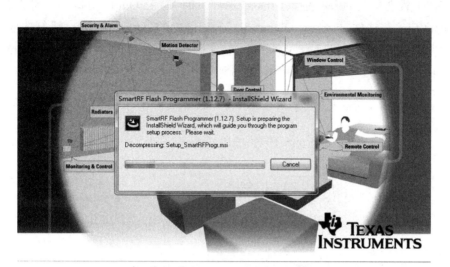

图 2-23　安装 SmartRF Flash Programmer

点击菜单命令【 Project 】→【 Options... 】，选择 "Linker" 选项。

①在 "工程选项" 窗口中选择 "Linker" 选项下的 "Output" 选项卡，在 "Format" 选项区里勾选 "Allow C-SPY-specific extra output file" 复选框，如图 2-24 所示。

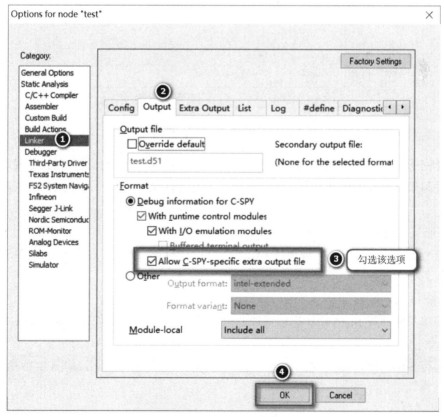

图 2-24　配置 "Output" 选项卡

②在"工程选项"窗口中选择"Linker"选项下的"Extra Output"选项卡,勾选"Generate extra output file"复选框,再勾选"Output file"选项区中的"Override default"复选框,并在下面的文本框中输入要生成的 hex 文件的全名,最后在"Format"选项区中将"Output format"设置为"intel-extended"。配置过程如图 2-25 所示。

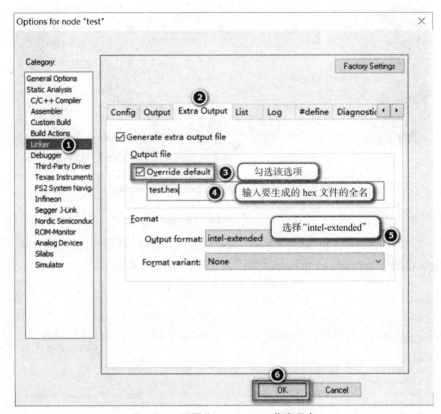

图 2-25　配置"Extra Output"选项卡

编译完毕后,在工程存放目录下会出现名为"Debug"的文件夹,其中存放了编译过程的中间文件和最终生成的镜像文件。最终生成的 hex 文件位于工程目录下的"\Debug\Exe"文件夹下。

（3）连接设备到计算机。

要进行程序烧写的工作,必须将 CC2530 与计算机连接起来,这里使用的是 SRF04EB 仿真器。

（4）烧写 hex 文件。

在将单片机通过 SRF04EB 连接到计算机后,便可按以下步骤将程序烧写到 CC2530 单片机中。

①运行 SmartRF Flash Programmer,选择"System-on-Chip"选项卡,如图 2-26 所示。

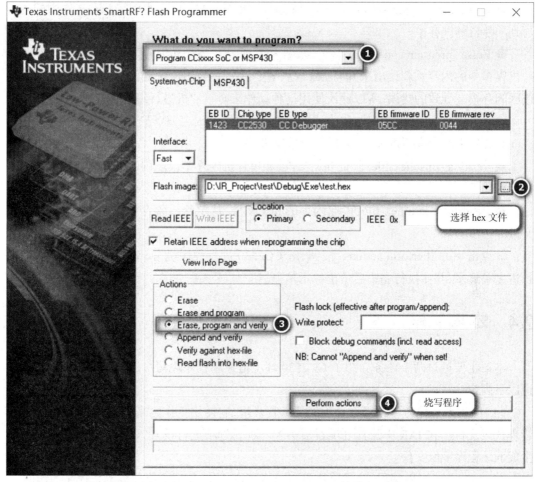

图 2-26　SmartRF Flash Programmer 软件主界面

②当单片机供电后,按下 SRF04EB 上面的复位按钮,此时可看到在 SmartRF Flash Programmer 的设备列表区显示出了当前所连接的单片机的信息。

③点击"Flash image"(闪存镜像)的选择按钮 ▢,选择要烧写的下位机程序文件,如图 2-27 所示,选择"test.hex"文件。

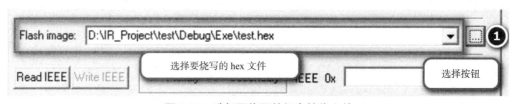

图 2-27　选择要烧写的闪存镜像文件

④在"Actions"(动作)选项区选择"Erase,program and verify"。该选项区的 6 种不同动作含义如下。

● Erase:擦除所选单片机的闪存。

● Erase and program：擦除和编程，擦除所选单片机的闪存，然后将 hex 文件中的内容写到单片机的闪存中。

● Erase, program and verify：擦除、编程和验证，与"擦除和编程"一样，但编程后会将单片机闪存中的内容重新读出来并与 hex 文件进行比较。使用这种动作可检测编程中的错误或因闪存损坏导致的错误，所以建议使用这种动作来对单片机进行编程。

● Append and verify：追加和验证，不擦除单片机的闪存，从已有数据的最后位置开始将 hex 文件中的内容写进去，完成后进行验证。

● Verify against hex-file：验证 hex 文件，从单片机闪存中读取内容与 hex 文件中的内容进行对比。

● Read flash into hex-file：读取闪存的 hex 文件，从单片机闪存中读出内容并写入 hex 文件。

⑤点击下方"Perform actions"按钮，对 CC2530 进行程序烧写，动作执行过程中会有执行进度条显示，并在执行完毕后给出提示信息。

2.4　本章总结

本章主要通过两个任务介绍了 CC2530 环境搭建和程序烧写。通过本章的学习可以知道以下内容。

（1）IAR 是一种为单片机设计程序的编程环境，它使用工作区来管理项目，使用项目来管理代码文件。在 IAR 中建立好项目后需要对项目选项进行设置，以适应单片机的型号和生成 hex 程序镜像文件。

（2）IAR 除了可以编程、编译单片机应用程序外，还能起到给单片机下载程序的作用。

（3）使用 SmartRF Flash Programmer 编程软件将镜像文件烧写到 CC2530 中。

2.5　习题

1. 简述通过 IAR 创建新工程项目的步骤。
2. 简述通过 SmartRF Flash Programmer 烧写程序的步骤。

第 3 章　CC2530 基础编程

本章主要介绍 ZigBee 基础开发用到 CC2530 单片机的基本知识,首先介绍 CC2530 单片机,然后对单片机的内部结构和外设进行介绍,最后以"低温加热控制系统"项目为案例将 CC2530 基本组件的知识点和技能点融入任务。项目的内容包含初始化模块的编写、按键控制模块的编写、定时器模块的编写、温湿度数据的获取、数据显示与控制模块的编写。通过本章的学习,可为进一步学习 BasicRF 和 ZigBee 协议栈打下基础。

知识目标

- ●掌握 CC2530 单片机 GIPO 的功能选择、输入 / 输出等功能配置。
- ●掌握 CC2530 单片机中断的使能、响应与处理方法。
- ●掌握 CC2530 单片机定时器的工作模式、中断方式。
- ●掌握 CC2530 单片机串口通信引脚配置,发送与接收的工作原理。
- ●掌握 CC2530 单片机模 / 数(Analog to Digital, A/D)、数 / 模(Digtial to Analog, D/A)转换方法。

技能目标

- ●能够熟练地对 GPIO 寄存器进行配置。
- ●能够熟练使用定时器的定时、计数功能。
- ●能够熟练配置串口,并使用串口的发送和接收功能实现数据通信。
- ●能够根据实际应用对模数转换器(Analog to Digital Converter, ADC)寄存器进行配置,使用 ADC 测量外部电压。

3.1　CC2530 单片机简介

TI 公司的 CC2530 是真正的系统级片上系统(SoC)芯片,适用于 2.4 GHz IEEE 802.15.4, ZigBee 和 RF4CE。CC2530 包括了性能极好的一流射频(RF)收发器,工业标准增强型 8051 MCU,系统内可编程的闪存(Flash), 8 kB 随机存储器(Random Access Memory, RAM),并具有不同的运行模式,使其尤其适用于超低功耗要求的系统,加之其他功能强大的特性,结合 TI 公司的 ZigBee 协议栈(Z-Stack),便可以提供一个强大和完整的 ZigBee 解决方案。

CC2530 可广泛应用在 2.4 GHz IEEE 802.15.4 系统, RF4CE 遥控系统, ZigBee 系统,家

庭 / 建筑物自动化照明系统, 工业控制和监视系统, 低功耗无线传感器网络, 消费类电子和卫生保健等领域。

3.1.1　SoC 与单片机

SoC 可翻译为 "芯片级系统" 或 "片上系统"。可以这样来理解 SoC 与单片机的区别: 一个应用系统除了单片机外还包括其他外围电子器件, 例如要实现无线通信功能, 电路板上需要有单片机芯片和无线收发芯片才能构成无线通信系统, 若将整个电路板集成到一个芯片中, 那么这个高度集成的芯片就可以称为 SoC。

SoC 为了专门的应用而将单片机和其他特定功能器件集成在一个芯片上, 但其仍旧是以单片机为这个片上系统的控制核心, 从使用的角度来说基本还是在操作一款单片机。

3.1.2　CC2530 的特点

CC2530 的主要特点如下。

（1）高性能、低功耗、带程序预取功能的 8051 微控制器内核。

（2）32 kB/64 kB/128 kB/256 kB 的系统内可编程的闪存。

（3）8 kB 在所有模式都带记忆功能的 RAM。

（4）2.4 GHz IEEE 802.15.4 兼容 RF 收发器。

（5）优秀的接收灵敏度和强大的抗干扰能力。

（6）精确的数字接收信号强度指示（Received Signal Strength Indication，RSSI）/ 链路质量指示（Link Quality Indicator, LQI）支持。

（7）最高到 4.5 dB·m 的可编程输出功率。

（8）集成高级加密标准（Advanced Encryption Standard，AES）安全协议处理器, 硬件支持的载波监听多路访问 / 冲突避免机制（Carrier Sense Multiple Access with Collision Detection, CSMA/CA）功能。

（9）具有 8 路输入和可配置分辨率的 12 位 ADC。

3.1.3　CC2530 内部结构

CC2530 内部使用业界标准的增强型 8051 中央处理器, 结合了领先的 RF 收发器, 具有 8 kB 容量的 RAM, 具备 32 kB/64 kB/128 kB/256 kB 四种不同容量的系统内可编程闪存和其他许多强大的功能。CC2530 根据内部闪存容量的不同分为四种型号: CC2530F32/64/128/256, 其中 F 后面的数值表示该型号芯片具有的闪存容量。

CC2530 芯片方框图如图 3-1 所示。内含模块大致可以分为三类: 与 CPU 和内存相关的模块, 与外设、时钟和电源管理相关的模块以及与射频相关的模块。CC2530 在单个芯片上整合了 8051 兼容微控制器、ZigBee 射频（RF）前端、内存和 Flash 存储器等, 还包含串行接口（Universal Asynchronous Receiver/Transmitter, UART）、模 / 数转换器（ADC）、多个定时器（Timer）、AES128 安全协处理器、看门狗定时器（WatchDog Timer）、32 kHz 晶振的休眠模式定时器、上电复位电路(Power on Reset)、掉电检测电路(Brown Out Detection)以及 21 个可编程 I/O 口等外设接口单元。

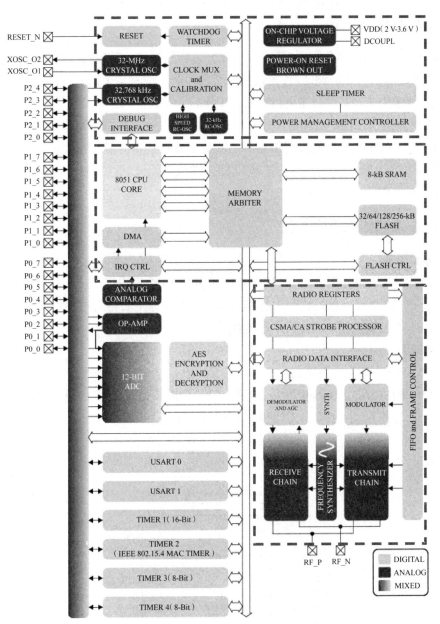

图 3-1　CC2530 内部结构框图

3.2　开发项目:低温加热控制系统

　　某工厂在海拔 3 000 m 的高原投放一批设备,其中部分设备使用 TI 公司的 CC2530 片上系统,由于环境温度随海拔高度的升高而降低,为保障系统的正常运行与安全,在柜内设计机柜加热系统,使关键部件能长时间在较理想的温度下工作,从而保证系统的安全性。因此,在无人监管的条件下,要定时采集温度信息,显示温度情况,当柜内温度低于设定值时,利用柜内配备的加热器,实现温度的调整。

3.2.1　任务 1:项目分析

高新技术企业物联网公司中标该项目,该公司物联网事业部项目经理张工被指定为项目负责人,通过前期的驻厂调研后,组建项目研发团队。他召集了团队三位核心成员,让他们按照任务要求完成物联网技术可行性验证工作。

工程师们根据案例需求,决定在单片机启动后,首先点亮 LED1 灯指示系统正常启动,然后定时监测 CC2530 芯片内温度传感器的测量值并将其实时显示在大屏幕上(以串口调试软件替代),如果温度过低,通过 CC2530 的按键或者调试软件发送控制命令点亮 LED2 灯模拟加热器工作。

3.2.2　任务 2:初始化模块实现

【任务要求】

准备一个 CC2530 单片机,在 CC2530 启动闪烁 10 次后点亮 LED1 灯,用来指示单片机正常工作,LED2 灯一直处于熄灭状态。本小节的任务主要是通过编程控制 CC2530 的 GPIO 端口的功能选择、输出 / 输入等寄存器。

【必备知识】

1.CC2530 的引脚

CC2530 单片机采用 QFN40 封装,外观上是一个边长为 6 mm 的正方形芯片,每个边上有 10 个引脚,总共 40 个引脚。CC2530 的引脚布局如图 3-2 所示。

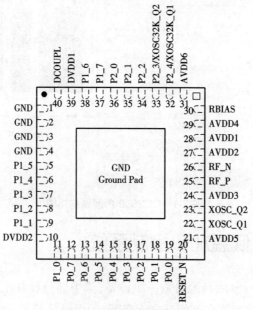

图 3-2　CC2530 引脚布局

可按表 3-1 将 CC2530 的 40 个引脚按功能进行分类,各个引脚的详细介绍请参考附录 A。

表 3-1　CC2530 引脚类型划分

引脚类型	包含引脚	功能简介
电源类引脚	AVDD1~6、DVDD1~2、GND、DCOUPL	为芯片内部供电
数字 I/O 引脚	P0_0~P0_7、P1_0~P1_7、P2_0~P2_4	数字信号输入 / 输出
时钟引脚	XOSC_Q1、XOSC_Q2	时钟信号输入
复位引脚	RESET_N	让芯片复位
RF 引脚	RF_N、RF_P	外接无线收发天线
其他引脚	RBIAS	外接偏置电阻

2.CC2530 的 I/O 引脚

CC2530 总共具有 21 个数字 I/O 引脚,这些引脚可以组成 3 个 8 位端口,分别为端口 0、端口 1 和端口 2,通常表示为 P0、P1 和 P2。其中,P0 和 P1 是完全的 8 位端口,而 P2 仅有 5 位可以使用。21 个 I/O 引脚具有以下特性,可以通过编程进行配置。

1)可配置为通用 I/O 端口

通用 I/O 端口是指可以对外输出逻辑值 0(低电平)或 1(高电平),也可读取从 I/O 引脚输入的逻辑值(低电平为 0,高电平为 1),可以通过编程来将 I/O 端口设置成输出方式或输入方式。

2)可配置为外部设备 I/O 端口

CC2530 内部除了含有 8051 CPU 核心外,还具有其他功能模块,如 ADC、定时器和串行通信模块,也称这些功能模块为外设。可通过编程将 I/O 端口与这些外设建立起连接关系,以便这些外设与 CC2530 芯片外界电路进行信息交换。需要注意的是,不能随意指定某个 I/O 端口连接到某个外设,它们之间有一定的对应关系,可参考附录 B。

3)输入端口具备三种输入模式

当 CC2530 的 I/O 端口被配置成通用输入端口时,端口的输入模式有上拉、下拉和三态三种可供选择,可通过编程进行选择,能够适应多种不同的输入应用。

4)具有外部中断能力

当使用外部中断时, I/O 端口引脚可以作为外部中断源的输入端口,这使得电路设计变得更加灵活。

3.I/O 端口的相关寄存器

在单片机内部,有一些具有特殊功能的存储单元,这些存储单元用来存放控制单片机内部器件的命令、数据或是运行过程中的一些状态信息。这些寄存器统称"特殊功能寄存器(Special Function Register, SFR)",操作单片机本质上就是对这些特殊功能寄存器进行读写操作,并且某些特殊功能寄存器可以位寻址。例如通过已配置好的 P1_1 口向外输出高电平可用以下代码实现。

　　　　P1 = 0x02；

或者

　　　　P1_1 = 1；

　　P1 是特殊功能寄存器的名字，P1_1 是 P1 中一个位的名字，为了便于使用，对每个特殊功能寄存器都会起一个名字。与 CC2530 中 I/O 端口有关的主要特殊功能寄存器见表 3-2，其中 x 取值为 0~2，分别对应 P0、P1 和 P2 口。

表 3-2　与 CC2530 中 I/O 端口有关的主要特殊功能寄存器

名称	功能描述
Px	端口数据，用来控制端口的输出或获取端口的输入
PERCFG	外设控制，用来选择外设功能在 I/O 端口上的位置
APCFG	模拟外设 I/O 配置，用来配置 P0 口作为模拟 I/O 端口使用
PxSEL	端口功能选择，用来设置端口是通用 I/O 还是外设 I/O
PxDIR	端口方向，当端口为通用 I/O 时，用来设置数据传输方向
PxINP	端口输入模式，当端口为通用输入端口时，用来选择输入模式
PxIFG	端口中断状态标志，使用外部中断时，用来表示是否有中断
PICTL	端口中断控制，使用外部中断时，用来配置端口中断触发类型
PxIEN	端口中断屏蔽，用来选择是否使用外部中断功能
PMUX	掉电信号，用来输出 32 kHz 时钟信号或内部数字稳压状态

　　可以看到 I/O 端口的相关寄存器有很多，在实际运用时只需根据需要使用其中的部分寄存器即可。同时需要注意，特殊功能寄存器中的各位数据都是有操作约定的，见表 3-3。

表 3-3　寄存器位操作约定

符号	访问模式
R/W	可读取也可写入
R	只能读取
R0	读出的值始终为 0
R1	读出的值始终为 1
W	只能写入
W0	写入任何值都变成 0
W1	写入任何值都变成 1
H0	硬件自动将其变成 0
H1	硬件自动将其变成 1

【任务实施】

1. 硬件分析

要使用单片机控制外界器件,就要清楚器件与单片机的连接关系和工作原理,这样才能在编写程序代码时知道操作哪些 I/O 端口或功能模块,以及应该输入或输出什么样的控制信号。

1)LED 的连接和工作原理

单片机上 LED1 和 LED2 与 CC2530 的连接电路如图 3-3 所示, LED1 和 LED2 的负极端分别通过一个限流电阻接地(低电平),它们的正极端分别连接到 CC2530 的 P1_0 端口和 P1_1 端口。

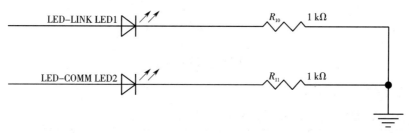

图 3-3　LED 与 CC2530 连接电路图

为控制两个 LED 灯,连接 LED 的 P1_0 端口和 P1_1 端口应被配置成通用输出端口。当端口输出低电平(逻辑值 0)时,LED 正极端和负极端都为低电平,LED 两端没有电压差,也就不会有电流流过 LED,此时 LED 熄灭。当端口输出高电平时,LED 正极端电平高于负极端电平, LED 两端存在电压差,则会有电流从端口流出,并通过 LED 的正极端流向负极端,此时 LED 点亮。

2)驱动电流

LED 工作时的电流不能过大,否则会将其烧坏,同时 CC2530 的 I/O 端口输入和输出电流的能力有限,因此这里需要使用限流电阻 R_{10} 和 R_{11} 来限制电流的大小。红色 LED 和绿色 LED 工作时的电压降约为 1.8 V, I/O 端口的输出电压为 3.3 V,当 LED 点亮时,其工作电流的大小也就是流过电阻电流的大小。当前电路中电流的大小为

$$电流大小 = \frac{输出电压 - LED 压降}{限流电阻阻值} = \frac{3.3\ V - 1.8\ V}{1\ k\Omega} = 1.5\ mA$$

CC2530 的 I/O 端口除 P1_0 和 P1_1 端口有 20 mA 的驱动能力外,其他 I/O 端口只有 4 mA 的驱动能力,在应用中从 I/O 端口流入或流出的电流不能超过这些限定值。

2. 软件设计与实现

1)建立工程

参照 2.2 节建立工程项目并配置工程属性,再为项目添加名为 "tempCtrl.c" 的代码文件。

2)编写代码

根据任务要求,可将 LED 的初始化用流程图表示,如图 3-4 所示。

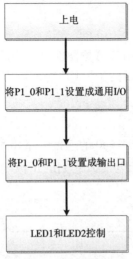

图 3-4　LED 初始化流程

（1）引用 CC2530 头文件。

在 tempCtrl.c 文件中引用 "ioCC2530.h" 头文件。

```
#include "ioCC2530.h"    // 引用 CC2530 头文件
```

该文件是 CC2530 编程所需的头文件，它包含了 CC2530 中各个特殊功能寄存器的定义。只有在引用该头文件后，才能在程序代码中直接使用特殊功能寄存器的名称，如 P1、P1DIR 等，否则会出现编译问题。

（2）宏定义。

为了提高代码的可读写和可维护性，使用宏定义来定义端口号。这样做的好处是即使 LED 与单片机的连接方式发生改变，如 LED1 连接到了 P1_3 口，也不需要将程序中所有的 P1_0 修改成 P1_3，只需要修改宏定义就可以了。这样做更有利于代码的后期维护，因此使用宏定义的方法来定义所操作的端口。举例如下。

```
1   #define LED1（P1_0） //LED1 端口宏定义
2   #define LED2（P1_1） //LED2 端口宏定义
```

（3）初始化 I/O 端口。

LED1 和 LED2 分别连接到 P1_0 和 P1_1 端口，需要将这两个 I/O 端口配置成通用 I/O 功能，并将端口的数据传输方向配置成输出。

①将 P1_0 和 P1_1 设置成通用 I/O。

将 I/O 端口配置成通用 I/O 需要使用 PxSEL 特殊功能寄存器，该寄存器的描述见表 3-4。

表 3-4 PxSEL 寄存器

位	位名称	复位值	操作	描述
7:0	SELPx_[7:0]	0x00	R/W	设置 Px_7 到 Px_0 端口的功能 0:对应端口为通用 I/O 功能 1:对应端口为外设功能

表 3-4 中的"x"是指要使用的端口编号,任务中使用的是 P1 端口的两个引脚,所以在编程时寄存器的名字应该是 P1SEL。将 P1_0 和 P1_1 设置为通用 I/O,就是将 P1SEL 寄存器中的第 0 位和第 1 位设置成数值 0,设置方法如下。

```
P1SEL &= ~0x03;        // 设置 P1_0 和 P1_1 端口为通用 I/O
```

这条语句的功能是将 0x03 转换成二进制后是 0000 0011,前面加取反符号"~"后数值变成 1111 1100,P1SEL 和 1111 1100 进行或运算,运算后的结果存在 P1SEL 里面。其中每一位与 0 进行或运算的结果为原值,与 1 进行或运算的结果为 1。所以,这条语句的效果就是在不影响 P1SEL 前六位的情况下,将 P1SEL 的第 0 和 1 位置为 0。这样做是由于单片机资源有限,集成度也很高,对于一个寄存器,可能每一位是 0 还是 1 就决定了不同的工作模式或者功能,所以很多时候需要在不改变一个寄存器其他位的值的情况下改变寄存器的某一位。

②将 P1_0 和 P1_1 设置成输出口。

将 P1_0 和 P1_1 两个端口配置成通用 I/O 后,还要设置其传输数据的方向。这里使用这两个端口对 LED 进行控制,实际上是对外输出信号,因此要将 P1_0 和 P1_1 的传输方向设置成输出。配置端口的传输方向使用 PxDIR 寄存器,其描述见表 3-5。

表 3-5 PxDIR 寄存器

位	位名称	复位值	操作	描述
7:0	DIRPx_[7:0]	0x00	R/W	设置 Px_7 到 Px_0 端口的传输方向 0:输入 1:输出

设置方法如下。

```
P1DIR |= 0x03;        // 设置 P1_0 和 P1_1 为输出口
```

此处使用"|="运算来对 P1DIR 进行设置,可以将相应位置位(设置成 1)且不影响其他位。

③LED1 和 LED2 控制。

根据电路连接可知,要熄灭 LED 只需让对应的 I/O 端口输出 0,在将对应端口设置成通用输出口后,可以采用以下代码来实现。

```
LED1 = 1;        // 点亮 LED1
LED2 = 0;        // 熄灭 LED2
```

以上①②③三部分内容构成了整个初始化代码。

为了提高代码的复用性、可读性,这里将 LED 的初始化代码封装成 init_led 函数,代码如下。

```
void init_led( )
{
    P1SEL &= ~0x03;      // 设置 P1_0 和 P1_1 口为通用 I/O
    P1DIR |= 0x03;       // 设置 P1_0 和 P1_1 口为输出口
    LED1 = 1;            // 点亮 LED1
    LED2 = 0;            // 熄灭 LED2
}
```

(4)LED1 启动闪烁。

在程序启动过程中,通过增加 LED1 闪烁功能来表明单片机启动正常。这里增加函数 led1_switch 启用该功能。

①设计延时函数。

```
void delay( unsigned int i )
{
    unsigned int j,k;
    for( k=0;k<i;k++ )
    {
        for( j=0;j<500;j++ )
        {
            ;
        }
    }
}
```

②设计 LED1 切换函数。

```
void led1_switch( )
{
    int i = 0;
    for( i=0;i<10;i++ )
    {
        LED1 =~LED1; //LED1 状态取反
        delay( 1000 );
    }
    LED1 =1;
}
```

（5）实现主函数功能代码。

需要实现的功能往往都是要循环执行的,单片机在执行代码时是逐条命令语句依次执行,当执行完最后一条命令语句后,并不确定单片机下一步要执行什么。因此,主函数中必须使用死循环结构,明确让单片机执行完最后一条指令后返回到循环体开始处重新执行。可以选用 while(1){} 方式或 for(; ;){} 方式来实现死循环。

整个任务实现的完整代码如下。

```
/***********************************************************
函数名称:main
功能:程序主函数
入口参数:无
出口参数:无
返回值:无
***********************************************************/
void main( void )
{
    init_led( );  // 初始化 LED

    led1_switch( );   //LED1 状态切换
    while( 1 )  // 程序主循环
    {
        ;
    }
}
```

3. 程序编译、链接及运行

参考第 2 章配置 IAR 工程,然后编译链接代码,将生成的程序烧写到 CC2530 中,观察单片机上 LED1 和 LED2 的状态,在程序启动过程中,LED1 会闪烁 10 次,启动完成后 LED1 点亮而 LED2 熄灭。

3.2.3　任务 3: 按键控制 LED 模块实现

【任务要求】

根据项目需求,当检测到温度过低时,可以通过 CC2530 的 SW1 按键点亮 LED2 来模拟加热功能。考虑系统实时性,需要通过中断方式响应用户按键。

【必备知识】

1. 中断的概念

中断即打断,是指 CPU 在执行当前程序时,由于系统中出现了某种急需处理的情况, CPU 暂停正在执行的程序,转而去执行另一段特殊程序来处理出现的紧急事务,处理结束后 CPU 自动返回到原先暂停的程序中去继续执行。这种程序在执行过程中由于外界的原因而被中间打断的情况称为中断。

2. 中断的作用

中断使得计算机系统具备应对突发事件的能力,提高了 CPU 的工作效率。如果没有中断系统,CPU 就只能按照程序编写的先后次序,依次对各个外设进行查询和处理,即轮询工作方式。轮询工作方式貌似公平,但实际工作效率却很低,且不能及时响应紧急事件。

采用中断技术后,可以为计算机系统带来以下好处。

1)实现分时操作

速度较快的 CPU 和速度较慢的外设可以各做各的事情,外设可以在完成工作后再与 CPU 进行交互,而不需要 CPU 去等待外设完成工作,能够有效提高 CPU 的工作效率。

2)实现实时处理

在控制过程中,CPU 能够根据当时情况及时做出反应,实现实时控制的要求。

3)实现异常处理

系统在运行过程中往往会出现一些异常情况,中断系统能够保证 CPU 及时知道出现的异常,以便去解决这些异常,避免整个系统出现大问题。

3. 中断系统中的相关概念

在中断系统的工作过程中,还有以下几个与中断相关的概念需要了解。

1)主程序

主程序是在发生中断前,CPU 正常执行的处理程序。

2)中断源

中断源是引起中断的原因,或是发出中断申请的来源。单片机一般具有多个中断源,如外部中断、定时 / 计数器中断或 ADC 中断等。

3)中断请求

中断请求是中断源要求 CPU 提供服务的请求。例如 ADC 中断在 A/D 转换结束后,会向 CPU 提出中断请求,要求 CPU 读取 A/D 转换结果。中断源会使用某些特殊功能寄存器中的位来表示是否有中断请求,这些特殊位叫作中断标志位,当中断请求出现时,对应标志位会被置位。

4)断点

断点是 CPU 响应中断后,主程序被打断的位置。当 CPU 处理完中断事件后,会返回断点位置继续执行主程序。

5)中断服务函数

中断服务函数是 CPU 响应中断后所执行的相应处理程序,例如 ADC 中断被响应后,CPU 执行相应的中断服务函数,该函数实现的功能一般是从 ADC 结果寄存器中取走并使用转换好的数据。

6)中断向量

中断向量是中断服务程序的入口地址,当 CPU 响应中断请求时,会跳转到该地址去执行代码。

7)中断嵌套和中断优先级

当多个中断源向 CPU 提出中断请求时,中断系统采用中断嵌套的方式依次处理各个中断源的中断请求,如图 3-5 所示。

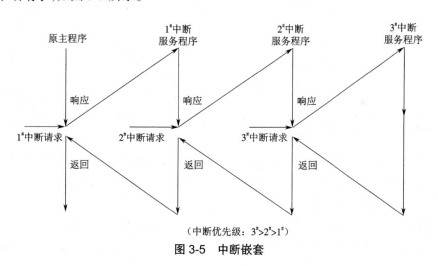

(中断优先级:$3^{\#}>2^{\#}>1^{\#}$)

图 3-5　中断嵌套

在中断嵌套过程中,CPU 通过中断源的中断优先级来判断优先为哪个中断源服务。中断优先级高的中断源可以打断优先级低的中断源的处理过程,而同级别或低级别的中断源请求不会打断正在处理的中断服务函数,要等到 CPU 处理完当前的中断请求,才能继续响应后续中断请求。为便于灵活运用,单片机各个中断源的优先级通常是可以通过编程设定的。

4. 中断系统

1)CC2530 中断源

CC2530 总共有 18 个中断源,每个中断源的基本概况见表 3-6。

表 3-6　CC2530 中断源描述

中断号码	描述	中断名称	中断向量	中断使能位	中断标志位
0	RF 发送 FIFO 队列空或 RF 接收 FIFO 队列溢出	RFERR	03H	IEN0.RFERRIE	TCON.RFERRIF
1	ADC 转换结束	ADC	0BH	IEN0.ADCIE	TCON.ADCIF
2	USART0 RX 完成	URX0	13H	IEN0.URX0IE	TCON.URX0IF
3	USART1 RX 完成	URX1	1BH	IEN0.URX1IE	TCON.URX1IF
4	AES 加密 / 解密完成	ENC	23II	IEN0.ENCIE	S0CON.ENCIF
5	睡眠定时器比较	ST	2BH	IEN0.STIE	IRCON.STIF
6	P2 输入 /USB	P2INT	33H	IEN2.P2IE	IRCON2.P2IF
7	USART0 TX 完成	URX0	3BH	IEN2.UTX0IE	IRCON2.UTX0IF
8	DMA 传送完成	DMA	43H	IEN1.DMAIE	IRCON.DMAIF
9	定时器 1（16 位）捕获 / 比较 / 溢出	T1	4BH	IEN1.T1IE	IRCON.T1IF
10	定时器 2	T2	53H	IEN1.T2IE	IRCON.T2IF
11	定时器 3（8 位）捕获 / 比较 / 溢出	T3	5BH	IEN1.T3IE	IRCON.T3IF
12	定时器 4（8 位）捕获 / 比较 / 溢出	T4	63H	IEN1.T4IE	IRCON.T4IF
13	P0 输入	P0INT	6BH	IEN1.P0IE	IRCON.P0IF
14	USART1 TX 完成	UTX1	73H	IEN2.UTX1IE	IRCON2. UTX1IF
15	P1 输入	P1INT	7BH	IEN2.P1IE	IRCON2. P1IF
16	RF 通用中断	RF	83H	IEN2.RFIE	S1CON. RFIF
17	看门狗计时溢出	WDT	8BH	IEN2.WDTIE	IRCON2. WDTIF

18 个中断源可以根据需要决定是否让 CPU 对其进行响应，只需要编程设置相关特殊功能寄存器即可，在后续学习过程中会接触各个中断源的使用方法。

2)CC2530 中断源的优先级

CC2530 将 18 个中断源划分成 6 个中断优先级组 IPG0~IPG5，每组包含 3 个中断源。

6 个中断优先级组可以分别被设置成 0~3 级，即由用户指定中断优先级，其中 0 级属于最低优先级，3 级为最高优先级。

为保证中断系统正常工作，CC2530 的中断系统还存在自然优先级，即：

（1）如果多个组被设置成相同级别，则组号小的要比组号大的优先级高；

（2）同一组中所包含的 3 个中断源，最左侧的优先级最高，最右侧的优先级最低。

【任务实施】

1. 电路分析

在实验板上，SW1 按键与 CC2530 之间的连接电路如图 3-6 所示。

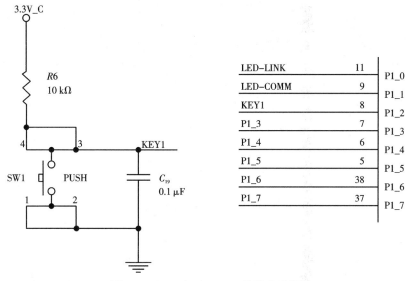

图 3-6　SW1 与 CC2530 连接电路图

　　SW1 按键的一侧(3 号、4 号引脚)通过一个上拉电阻连接到电源,同时连接到 CC2530 的 P1_2 引脚,另一侧(1 号、2 号引脚)连接到地。当按键 SW1 没有按下时,由于上拉电阻的存在, CC2530 的 P1_2 引脚相当于外接了一个上拉电阻,呈高电平状态。当按键 SW1 按下时,按键的 4 个引脚导通, CC2530 的 P1_2 引脚相当于直接连接到地,呈低电平状态。电容 C_{19} 起到滤波作用,具有一定的消抖功能。

　　根据图 3-6 可知,当按键 SW1 按下时,程序从 P1_2 引脚读取的逻辑值是 0,否则读取的逻辑值是 1。

　　2. 软件设计与实现

　　(1)通过 IAR 软件打开 3.2.2 创建的工程,本任务在该工程的基础上增加代码。

　　(2)编写代码,在 tempCtrl.c 文件中新增按键中断初始化代码、按键中断处理函数代码,在主函数中增加按键中断初始化函数的调用实现按键中断。

　　①初始化按键中断。

　　外部中断,即从单片机的 I/O 端口向单片机输入电平信号,当输入电平信号的改变符合设置的触发条件时,中断系统便会向 CPU 提出中断请求。使用外部中断可以方便地监测单片机外接器件的状态或请求,如按键按下、信号出现或通信请求等。

　　CC2530 的 P0、P1 和 P2 端口中的每个引脚都具有外部中断输入功能,要配置某些引脚具有外部中断功能可参照如图 3-7 所示的操作步骤进行。

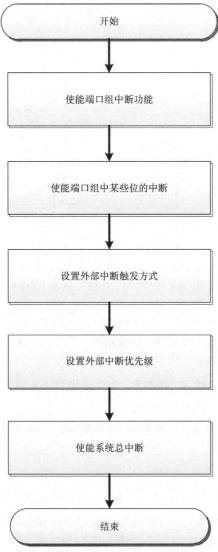

图 3-7　CC2530 外部中断初始化流程

（a）使能端口组中断功能。

CC2530 中的每个中断源都有一个中断功能开关，要使用某个中断源的中断功能，必须使能其中断功能。要使能 P0、P1 或 P2 端口上的外部中断功能，需要使用 IEN1 和 IEN2 特殊功能寄存器，两个寄存器的描述见表 3-7 和表 3-8。

表 3-7　IEN1 寄存器

位	位名称	复位值	操作	描述
7:6	—	00	R0	不使用，读为 0
5	P0IE	0	R/W	端口 0 中断使能 0:中断禁止 1:中断使能

位	位名称	复位值	操作	描述
4	T4IE	0	R/W	定时器 4 中断使能 0:中断禁止 1:中断使能
3	T3IE	0	R/W	定时器 3 中断使能 0:中断禁止 1:中断使能
2	T2IE	0	R/W	定时器 2 中断使能 0:中断禁止 1:中断使能
1	T1IE	0	R/W	定时器 1 中断使能 0:中断禁止 1:中断使能
0	DMAIE	0	R/W	DMA 传输中断使能 0:中断禁止 1:中断使能

表 3-8　IEN2 寄存器

位	位名称	复位值	操作	描述
7:6	—	00	R0	不使用,读为 0
5	WDTIE	0	R/W	看门狗定时器中断使能 0:中断禁止 1:中断使能
4	P1IE	0	R/W	端口 1 中断使能 0:中断禁止 1:中断使能
3	UTX1IE	0	R/W	USART1 发送中断使能 0:中断禁止 1:中断使能
2	UTX0IE	0	R/W	USART0 发送中断使能 0:中断禁止 1:中断使能
1	P2IE	0	R/W	端口 2 中断使能 0:中断禁止 1:中断使能
0	RFIE	0	R/W	RF 一般中断使能 0:中断禁止 1:中断使能

　　根据电路图可以看出,本任务使用的 SW1 按键连接在 P1_2 口上,所以需要使能 P1 端口的中断功能,将 IEN2 寄存器中的 P1IE 设置成 1,代码如下所示。

```
IEN2 |= 0x10;          // 使能 P1 端口中断功能
```

（b）端口中断屏蔽。

使能端口组的中断功能后,还需要设置当前端口组中具体哪几个端口具有外部中断功能,将不需要使用外部中断的端口屏蔽掉。屏蔽 I/O 端口中断使用 PxIEN 寄存器,P0IEN 寄存器和 P1IEN 寄存器的描述见表 3-9,P2IEN 寄存器的描述见表 3-10。

表 3-9　P0IEN 寄存器和 P1IEN 寄存器

位	位名称	复位值	操作	描述
7:0	Px_[7:0]IEN	0x00	R/W	端口 Px_7 到 Px_0 中断使能 0:中断禁止 1:中断使能

表 3-10　P2IEN 寄存器

位	位名称	复位值	操作	描述
7:6	—	00	R/W	未使用
5	DPIEN	0	R/W	USB D+ 中断使能
4:0	P2_[4:0]IEN	0 0000	R/W	端口 P2_4 到 P2_0 中断使能 0:中断禁止 1:中断使能

使能 SW1（P1_2 端口）中断,需将 P1IEN 寄存器的第 2 位置 1,代码如下所示。

```
P1IEN |= 0x04;          // 使能 P1_2 端口中断功能
```

（c）设置中断触发方式。

触发方式,即输入到 I/O 端口的信号满足什么样的信号变化形式才会引起中断请求,单片机中常见的触发类型有电平触发和边沿触发两类。

a）电平触发。

●高电平触发:输入信号为高电平时会引起中断请求。

●低电平触发:输入信号为低电平时会引起中断请求。

电平触发引起的中断,在中断处理完成后,如果输入电平仍旧保持有效状态,则会再次引发中断请求,适用于连续信号检测,如外接设备故障信号检测。

b）边沿触发。

●上升沿触发:输入信号出现由低电平到高电平的跳变时会引起中断请求。

●下降沿触发:输入信号出现由高电平到低电平的跳变时会引起中断请求。

边沿触发方式只在信号发生跳变时才会引起中断,是常用的外部中断触发方式,适用于突发信号检测,如按键检测。

CC2530 的 I/O 端口提供了上升沿触发和下降沿触发两种外部触发方式,使用 PICTL 寄存器进行选择,该寄存器的描述见表 3-11。

表 3-11　PICTL 寄存器

位	位名称	复位值	操作	描述
7	PADSC	0	R/W	控制 I/O 引脚输出模式下的驱动能力
6:4	—	000	R0	未使用
3	P2ICON	0	R/W	P2_4 到 P2_0 中断触发方式选择 0：上升沿触发 1：下降沿触发
2	P1ICONH	0	R/W	P1_7 到 P1_4 中断触发方式选择 0：上升沿触发 1：下降沿触发
1	P1ICONL	0	R/W	P1_3 到 P1_0 中断触发方式选择 0：上升沿触发 1：下降沿触发
0	P0ICONL	0	R/W	P0_7 到 P0_0 中断触发方式选择 0：上升沿触发 1：下降沿触发

本任务要求按键按下一次后执行点亮 LED2 模拟加热功能，SW1 在按下过程中电信号产生下降沿跳变，松开过程中电信号产生上升沿跳变，故应选择将 P1_2 口设置为下降沿触发方式。

```
PICTL |= 0x02;        //P1_3 到 P1_0 端口下降沿触发中断
```

（d）使能系统总中断。

除了各个中断源有自己的中断开关外，中断系统还有一个总开关。如果说各个中断源的开关相当于楼层各个房间的电闸，则中断总开关即相当于楼宇的总电闸。中断总开关控制位是 EA 位，在 IEN0 寄存器中，该寄存器的描述见表 3-12。

表 3-12　IEN0 寄存器

位	位名称	复位值	操作	描述
7	EA	0	R/W	中断系统使能控制位 0：禁止所有中断 1：允许中断功能，但究竟哪些中断被允许还要看各中断源自身的使能控制位设置
6	—	0	R0	未使用
5	STIE	0	R/W	睡眠定时器中断使能 0：中断禁止 1：中断使能
4	ENCIE	0	R/W	AES 加密 / 解密中断使能 0：中断禁止 1：中断使能

续表

位	位名称	复位值	操作	描述
3	URX1IE	0	R/W	USART1 接收中断使能 0:中断禁止 1:中断使能
2	URX0IE	0	R/W	USART0 接收中断使能 0:中断禁止 1:中断使能
1	ADCIE	0	R/W	ADC 中断使能 0:中断禁止 1:中断使能
0	RFERRIE	0	R/W	RF 发送 / 接收中断使能 0:中断禁止 1:中断使能

IEN0 寄存器可以进行位寻址,因此要使能总中断,可以直接采用如下方法。

```
EA = 1;          // 使能总中断
```

为了提高代码的复用性、可读性,这里将按键中断的初始化代码封装成函数,在 tempc-trl.c 文件中增加 init_key_interrupt 函数,该函数通过设置中断寄存器使能定时器,使用方法如下。

```
void  init_key_interrupt( )
{
    IEN2 |= 0x10;
    P1IEN |= 0x04;
    PICTL |= 0x02;
    EA =1 ;
}
```

②编写中断服务函数。

CPU 在响应中断后,会中断正在执行的主程序代码,转而去执行相应的中断服务函数。因此,要使用中断功能还必须编写中断服务函数。

(a)中断服务函数的编写格式。

中断服务函数与一般自定义函数不同,在 IAR 编程环境中有特定的书写格式。中断服务函数的函数体写法如下。

```
#pragma  vector = 中断向量
__interrupt void 函数名称( void )
{
    /* 此处编写中断处理程序 */
}
```

在每一个中断服务函数之前,都要加上一行起始语句:

　　　#pragma vector = 中断向量

"中断向量"表示接下来要写的中断服务函数是为哪个中断源进行服务的。该语句有两种写法,比如为任务所需的 P1 端口中断编写中断服务函数时:

　　　#pragma vector= 0x7B

或

　　　#pragma vector = P1INT_VECTOR

前者是将"中断向量"用图 3-8 中的具体值表示,后者是将"中断向量"用单片机头文件中的宏定义表示。

要查看单片机头文件中有关中断向量的宏定义,可打开"ioCC2530.h"头文件,查找到"Interrupt Vectors"部分,便可以看到 18 个中断源所对应的中断向量宏定义,如图 3-8 所示。

```
*                              Interrupt Vectors
* --------------------------------------------------------------------------------
*/
#define  RFERR_VECTOR   VECT(  0, 0x03 )   /*  RF TX FIFO Underflow and RX FIFO Overflow  */
#define  ADC_VECTOR     VECT(  1, 0x0B )   /*  ADC End of Conversion                       */
#define  URX0_VECTOR    VECT(  2, 0x13 )   /*  USART0 RX Complete                          */
#define  URX1_VECTOR    VECT(  3, 0x1B )   /*  USART1 RX Complete                          */
#define  ENC_VECTOR     VECT(  4, 0x23 )   /*  AES Encryption/Decryption Complete          */
#define  ST_VECTOR      VECT(  5, 0x2B )   /*  Sleep Timer Compare                         */
#define  P2INT_VECTOR   VECT(  6, 0x33 )   /*  Port 2 Inputs                               */
#define  UTX0_VECTOR    VECT(  7, 0x3B )   /*  USART0 TX Complete                          */
#define  DMA_VECTOR     VECT(  8, 0x43 )   /*  DMA Transfer Complete                       */
#define  T1_VECTOR      VECT(  9, 0x4B )   /*  Timer 1 (16-bit) Capture/Compare/Overflow   */
#define  T2_VECTOR      VECT( 10, 0x53 )   /*  Timer 2 (MAC Timer)                         */
#define  T3_VECTOR      VECT( 11, 0x5B )   /*  Timer 3 (8-bit) Capture/Compare/Overflow    */
#define  T4_VECTOR      VECT( 12, 0x63 )   /*  Timer 4 (8-bit) Capture/Compare/Overflow    */
#define  P0INT_VECTOR   VECT( 13, 0x6B )   /*  Port 0 Inputs                               */
#define  UTX1_VECTOR    VECT( 14, 0x73 )   /*  USART1 TX Complete                          */
#define  P1INT_VECTOR   VECT( 15, 0x7B )   /*  Port 1 Inputs                               */
#define  RF_VECTOR      VECT( 16, 0x83 )   /*  RF General Interrupts                       */
#define  WDT_VECTOR     VECT( 17, 0x8B )   /*  Watchdog Overflow in Timer Mode             */
```

图 3-8　"ioCC2530.h"头文件中的中断向量宏定义

_ _interrupt 表示该函数是一个中断服务函数,"函数名称"可以随便起名,函数体不能带参数或有返回值。注意:_ _interrupt 前面的"_ _"是由两个短下划线构成。

（b）识别触发外部中断的端口。

P0、P1 和 P2 端口分别使用 P0IF、P1IF 和 P2IF 作为中断标志位,任何一个端口组上的 I/O 端口产生外部中断时,都会将对应端口组的外部中断标志位自动置位。例如本任务中当 SW1 按下后,P1IF 的值会变成 1,此时 CPU 将进入 P1 端口中断服务函数去处理事件。外部中断标志位不能自动复位,因此必须在中断服务函数中手工清除该中断标志位,否则 CPU 将反复进入中断过程。清除 P1 端口外部中断标志位的方法如下。

　　　P1IF = 0;　　　　// 清除 P1 端口外部中断标志位

通过前面的介绍可以知道,外部中断服务程序是为某一个端口组上的所有端口提供服务的,假如在 P1_2 口和 P1_3 口上都接有按键,它们动作时触发的都是 P1 端口中断,CPU

会跳转到同一个中断服务程序运行。因此,在实际应用中需要在中断服务程序中判断究竟是端口组中的哪一个端口触发了中断过程。

CC2530 中有三个端口状态标志寄存器 P0IFG、P1IFG 和 P2IFG,分别对应 P0、P1 和 P2 端口各位的中断触发状态。当被配置成外部中断的某个 I/O 端口触发中断请求时,对应标志位会被自动置位,在进行中断处理时可通过判断相应寄存器的值来确定是哪个端口引起的中断。P0IFG 寄存器和 P1IFG 寄存器的描述见表 3-13,P2IFG 寄存器的描述见表 3-14。

表 3-13　P0IFG 寄存器和 P1IFG 寄存器

位	位名称	复位值	操作	描述
7:0	PxIF[7:0]	0x00	R/W0	端口 Px_7 到 Px_0 的中断状态标志,当输入端口有未响应的中断请求时,相应标志位置 1。需要软件复位

表 3-14　P2IFG 寄存器

位	位名称	复位值	操作	描述
7:6	—	00	R0	未使用

判断 P1_2 端口上按键中断的通用方法如下。

```
if( P1IFG & 0x04 )  // 如果 P1_2 口中断标志位置位
{
    /* 此处填写按键功能代码 */
    P1IFG &=~ 0x04;   // 清除 P1_2 口中断标志位
}
```

根据上述描述,在 tempctrl.c 文件中增加按键中断处理函数,该函数主要判断是否是 P1_2 的按键动作,如果是,则点亮 LED2 模拟加热功能。特别需要注意的是,该中断处理函数需要清除 P1_2 口中断标志位和 P1 端口中断标志位。

```
/**********************************************************
函数名称:P1_INT
功能:P1 端口外部中断服务函数
入口参数:无
出口参数:无
返回值:无
**********************************************************/
#pragma  vector = P1INT_VECTOR
__interrupt void P1_INT( void )
{
    if( P1IFG & 0x04 )   // 如果 P1_2 口中断标志位置位
```

```
        {
            LED2 = 1;
            P1IFG &=~ 0x04;        // 清除 P1_2 口中断标志位
        }
        P1IF = 0;        // 清除 P1 端口中断标志位
    }
```

③编写主函数。

整个任务实现的主函数如下所示,在主函数中增加 SW1 按键中断初始化函数调用。

```
/**********************************************************
函数名称:main
功能:程序主函数
入口参数:无
出口参数:无
返回值:无
**********************************************************/
void main( void )
{
    init_led( );        // 初始化 LED
    init_key_interrupt( );        // 初始化按键中断

    led1_switch( );
    while( 1 )        // 程序主循环
    {
        ;
    }
}
```

3. 程序编译、链接与运行

保存整个工程,然后编译链接项目,将生成的程序烧写到 CC2530 中。程序启动后,当按下 SW1 按键时,点亮 LED2 模拟加热功能。

3.2.4　任务 4:定时器模块实现

【任务要求】

由于温度是不断变化的,又需要及时获取温度值,这里增加定时器模块,主要是为现场采集温度值提供定时服务。

【必备知识】

1. 定时 / 计数器的概念

定时 / 计数器是一种能够对时钟信号或外部输入信号进行计数,当计数值达到设定要求时便向 CPU 提出处理请求,从而实现定时或计数功能的外设。在单片机中,一般使用 Timer 表示定时 / 计数器。

2. 定时 / 计数器的基本功能

定时 / 计数器的基本功能是实现定时和计数,且在整个工作过程中不需要 CPU 过多参与,它的出现将 CPU 从相关任务中解放出来,提高了 CPU 的工作效率。例如之前实现 LED 闪烁时采用的是软件延时方法,在延时过程中 CPU 通过执行循环指令来消耗时间,在整个延时过程中会一直占用 CPU,降低了 CPU 的工作效率。若使用定时 / 计数器来实现延时,则在延时过程中 CPU 可以执行其他工作任务。CPU 与定时 / 计数器之间的交互关系可用图 3-9 来表示。

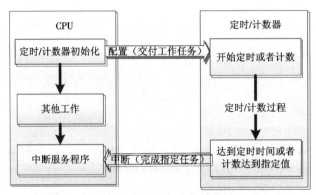

图 3-9　CPU 与定时 / 计数器的交互关系

单片机中的定时 / 计数器一般具有以下功能。

1)定时器功能

定时器功能,即对规定时间间隔的输入信号的个数进行计数,当计数值达到指定值时,说明定时时间已到。这是定时 / 计数器的常用功能,可用来实现延时或定时控制,其输入信号一般使用单片机内部的时钟信号。

2)计数器功能

计数器功能,即对任意时间间隔的输入信号的个数进行计数。该功能一般用来对外界事件进行计数,其输入信号一般来自单片机外部开关型传感器,可用于生产线产品计数、信号数量统计和转速测量等方面。

3)捕获功能

捕获功能,即对规定时间间隔的输入信号的个数进行计数,当外界输入有效信号时,捕获计数器的计数值。该功能通常用来测量外界输入脉冲的脉宽或频率,需要在外界输入信号的上升沿和下降沿进行两次捕获,通过计算两次捕获值的差值可以计算出脉宽或周期等信息。

4)比较功能

比较功能,即当计数值与需要进行比较的值相同时,向 CPU 提出中断请求或进行改变

I/O 端口输出电平等操作,一般用于控制信号输出。

5)脉冲宽度调制(Pulse Width Modulation,PWM)输出功能

脉冲宽度调制,即对规定时间间隔的输入信号的个数进行计数,根据设定的周期和占空比从 I/O 端口输出控制信号,一般用来控制 LED 灯亮度或电机转速。

3.定时 / 计数器基本工作原理

无论使用定时 / 计数器的哪种功能,其最基本的工作原理是进行计数。定时 / 计数器的核心是一个计数器,可以进行加 1(或减 1)计数,每出现一个计数信号,计数器就自动加 1(或自动减 1),当计数值从最大值变成 0(或从 0 变成最大值)溢出时,定时 / 计数器便向 CPU 提出中断请求。计数信号的来源可选择周期性的内部时钟信号(如定时功能)或非周期性的外部输入信号(如计数功能)。

一个典型单片机的内部 8 位减 1 计数器工作过程可用图 3-10 来表示。

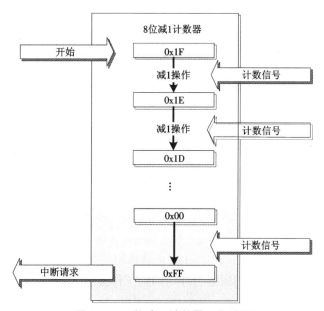

图 3-10　8 位减 1 计数器工作过程

4.CC2530 的定时 / 计数器

CC2530 中共包含了 5 个定时 / 计数器,分别是定时器 1、定时器 2、定时器 3、定时器 4 和睡眠定时器。

1)定时器 1

定时器 1 是一个 16 位定时器,主要具有以下功能。

(1)支持输入捕获功能,可选择上升沿、下降沿或任何边沿进行输入捕获。

(2)支持输出比较功能,输出可选择设置、清除或切换。

(3)支持 PWM 功能。

(4)具有五个独立的捕获 / 比较通道,每个通道使用一个 I/O 引脚。

(5)具有自由运行、取模、正计数 / 倒计数三种不同工作模式。

(6)具有可被 1、8、32 或 128 整除的时钟分频器,为计数器提供计数信号。

（7）能在每个捕获/比较和最终计数上产生中断请求。

（8）能触发直接存储器访问（Direct Memory Access，DMA）功能。

定时器1是CC2530中功能最全的一个定时/计数器，是在应用中被优先选用的对象。

2）定时器2

定时器2主要用于为802.15.4 CSMA-CA算法提供定时功能，以及为802.15.4 MAC层提供一般的计时功能，也叫作MAC定时器，用户一般情况下不使用该定时器，在此不再对其进行详细介绍。

3）定时器3和定时器4

定时器3和定时器4都是8位定时器，主要具有以下功能。

（1）支持输入捕获功能，可选择上升沿、下降沿或任何边沿进行输入捕获。

（2）支持输出比较功能，输出可选择设置、清除或切换。

（3）具有两个独立的捕获/比较通道，每个通道使用一个I/O引脚。

（4）具有自由运行、倒计数、取模、正计数/倒计数四种不同工作模式。

（5）具有可被1、2、4、8、16、32、64或128整除的时钟分频器，为计数器提供计数信号。

（6）能在每个捕获/比较和最终计数上产生中断请求。

（7）能触发DMA功能。

定时器3和定时器4通过输出比较功能也可以实现简单的PWM控制。

4）睡眠定时器

睡眠定时器是一个24位正计数定时器，运行在32 kHz的时钟频率下，支持捕获/比较功能，能够产生中断请求和DMA触发。睡眠定时器主要用于设置系统进入和退出低功耗睡眠模式之间的周期，还用于低功耗睡眠模式时维持定时器2的定时。

5.CC2530定时/计数器工作模式

CC2530的定时器1、定时器3和定时器4虽然使用的计数器计数位数不同，但它们都具备自由运行、取模和正计数/倒计数三种不同的工作模式，定时器3和定时器4还具有单独的倒计数工作模式，此处以定时器1为例进行介绍。

1）自由运行模式（Free-Running Mode）

在该模式下，计数器从0x0000开始计数，每个分频后的时钟边沿增加1，当计数器达到0xFFFF时（溢出），计数器重新载入0x0000，继续递增，如图3-11所示。当达到最终计数值0xFFFF时，IRCON.T1IF和T1STAT.OVFIF两个标志位被置位，此时如果设置了相应的中断使能位T1MIF.OVFIM和IEN1.T1IE，将产生中断请求。自由运行模式可以用于产生独立的时间间隔，输出信号频率。

2）模模式（Modulo Mode）

在该模式下，计数器从0x0000开始计数，每个分频后的时钟边沿增加1，当计数器达到T1CC0（由T1CC0H：T1CC0L组合）时（溢出），计数器重新载入0x0000，继续递增，如图3-12所示。当达到最终计数值T1CC0时，IRCON.T1IF和T1STAT.OVFIF两个标志位被置位，此时如果设置了相应的中断使能位T1MIF.OVFIM和IEN1.T1IE，将产生中断请求。如果定时器 1 的计数器开始于 T1CC0 以上的一个值,当达到最终计数值(0xFFFF)时,上述相应标志位被置位。模模式被用于周期不是 0xFFFF 的场合。

　　3)正计数 / 倒计数模式(Up/Down Mode)

　　在该模式下,计数器反复从 0x0000 开始计数,正向计数到 T1CC0 值后,计数器将倒向计数到 0x0000,如图 3-13 所示。当达到最终计数值 0x0000 时,IRCON.T1IF 和 T1STAT.OVFIF 两个标志位被置位,此时如果设置了相应的中断使能位 T1MIF.OVFIM 和 IEN1.T1IE,将产生中断请求。这个定时器模式用于需要对称输出脉冲且周期不是 0xFFFF 的应用程序。因此它允许中心对齐的 PWM 输出应用程序的实现。

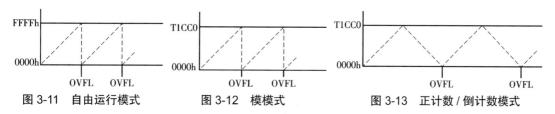

图 3-11　自由运行模式　　　　图 3-12　模模式　　　　　图 3-13　正计数 / 倒计数模式

【任务实施】

1. 代码设计

　　(1)通过 IAR 软件打开 3.2.3 节创建的工程,本任务是在该工程基础上新增功能。

　　(2)编写代码,新增定时器初始化代码、定时器中断处理函数代码和在主函数中增加定时器初始化函数的调用。在本任务通过 CC2530 的定时器 1 来实现定时功能。

　　程序中的核心内容是对定时器 1 进行初始化配置和中断服务函数的编写。对定时器 1 进行初始化配置可参照图 3-14 所示步骤,定时器 1 中断服务函数处理流程可参照图 3-15。

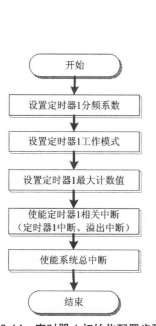

图 3-14　定时器 1 初始化配置步骤

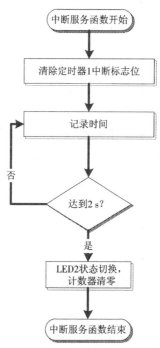

图 3-15　定时器 1 中断服务函数处理流程

①编写定时器 1 初始化函数。

（a）设置定时器 1 分频系数。

定时器 1 的计数信号来自 CC2530 内部系统时钟信号的分频,可选择 1、8、32 或 128 分频。CC2530 在上电后,默认使用内部频率为 16 MHz 的 RC 振荡器,也可以使用外接的,一般为 32 MHz 晶体振荡器。最大计数值、定时时长和计数周期的关系如下。

最大计数值 = 定时时长 / 定时器计数周期

定时器 1 采用 16 位计数器,最大计数值为 0xFFFF,即 65 535。在本任务中使用 32 MHz RC 振荡器时,使用最大分频 128 分频,则定时器 1 的最大定时时长为 262.14 ms。计算公式如下:

定时时长 = 最大计数值 × 定时器计数周期 $=65\ 535 \times 128/(32 \times 10^6) = 0.262\ 14\ s$

设定定时器 1 的分频系数需要使用 T1CTL 寄存器, T1CTL 寄存器的描述见表 3-15。可以通过设置 DIV[1:0] 两位的值为定时器 1 选择分频系数。

表 3-15　T1CTL 寄存器

位	位名称	复位值	操作	描述
7:4	—	0000	R0	未使用
3:2	DIV[1:0]	00	R/W	定时器 1 时钟分频设置 00:1 分频 01:8 分频 10:32 分频 11:128 分频
1:0	MODE[1:0]	00	R/W	定时器 1 工作模式设置 00:暂停运行 01:自由运行模式 10:模模式 11:正计数 / 倒计数模式

在本任务中,为定时器 1 选择 128 分频,设置代码如下所示。

```
T1CTL |= 0x0c;    // 定时器 1 时钟频率 128 分频
```

（b）设置定时器的工作模式。

由于需要手工设定最大计数值,因此可为定时器 1 选择工作模式为正计数 / 倒计数模式,只需要设置 T1CTL 寄存器中的 MODE[1: 0] 位即可,可见表 3-15 的描述。一旦设置了定时器 1 的工作模式(MODE[1: 0] 为非 0 值),则定时器 1 立刻开始定时计数工作,设置代码如下所示。

```
T1CTL |= 0x03;    // 定时器 1 采用正计数 / 倒计数模式
```

（c）设置定时器 1 最大计数值。

本任务要求定时时间为 2 s,根据 CC2530 时钟源的选择和定时器 1 的分频选择可知,定时器 1 最大定时时长不能满足任务需求。在本任务中结合模式和频率,为便于程序中进

行计算,可设置定时器 1 的定时时长为 0.1 s(模式为正计数/倒计数模式),并计算出计数最大值为

$$最大计数值 = \frac{定时时长}{定时器计数周期} = \frac{0.1}{\frac{1}{32 \times 10^6} \times 128} = 25\,000 = 0x61a8$$

在使用定时器 1 的定时功能时,使用 T1CC0H 和 T1CC0L 两个寄存器存放最大计数值的高 8 位和低 8 位。T1CCxH 和 T1CCxL 共有 5 对,分别对应定时器 1 的通道 0 到通道 4,两个寄存器的功能描述见表 3-16 和表 3-17。

表 3-16　T1CCxH 寄存器

位	位名称	复位值	操作	描述
7:0	T1CCx[15:8]	0x00	R/W	定时器 1 通道 0 到通道 4 捕获/比较值的高位字节

表 3-17　T1CCxL 寄存器

位	位名称	复位值	操作	描述
7:0	T1CCx[7:0]	0x00	R/W	定时器 1 通道 0 到通道 4 捕获/比较值的低位字节

在程序设计中,应先写低位寄存器,再写高位寄存器。例如设置定时器 1 计数初始值 0x61A8 的代码如下所示。

```
T1CC0L = 0xa8;      // 设置最大计数值低 8 位
T1CC0H = 0x61;      // 设置最大计数值高 8 位
```

(d)使能定时器 1 中断功能。

定时器在以下三种情况下能产生中断请求。

● 计数器达到最终计数值(自由运行模式下到 0xFFFF,正计数/倒计数模式下到 0x0000)。

● 输入捕获事件。

● 输出比较事件(模模式时使用)。

要使用定时器的中断工作方式,必须使能各个相关中断控制位。CC2530 中定时器 1 到定时器 4 的中断使能位分别是 IEN1 寄存器中的 T1IE、T2IE、T3IE 和 T4IE。由于 IEN1 寄存器可以进行位寻址,所以使能定时器 1 中断可以采用以下代码。

```
T1IE = 1;      // 使能定时器 1 中断
```

除此之外,定时器 1、定时器 3 和定时器 4 还分别拥有一个计数溢出中断屏蔽位,分别是 T1OVFIM、T3OVFIM 和 T4OVFIM,当这些位被设置成 1 时,对应定时器的计数溢出中断便被使能。这些位都可以进行位寻址,不过一般用户不需要对其进行设置,因为这些位在 CC2530 上电时的初始值就是 1。如果要手工设置,可以用以下代码。

```
T1OVFIM = 1;        // 使能定时器 1 溢出中断
```

最后要使能系统总中断 EA。

以上(a)(b)(c)(d)四部分内容构成了定时器初始化代码。为了提高代码的复用性和可读性,这里将定时器 1 初始化代码封装成函数,在 tempctrl.c 文件中增加 init_T1_timer 函数,该函数通过设置定时器相关寄存器启动定时器。

```
void  init_T1_timer( )
{
   T1CTL |= 0x0c;       // 定时器 1 时钟频率 128 分频
   T1CTL |= 0x03;       // 定时器 1 采用正计数 / 倒计数模式

   T1CC0L = 0xa8;       // 设置最大计数值低 8 位
   T1CC0H = 0x61;       // 设置最大计数值高 8 位
   T1IE = 1;            // 使能定时器 1 中断
   T1OVFIM = 1;         // 使能定时器 1 溢出中断

   EA = 1;              // 使能总中断
}
```

② 编写时钟初始化函数。

系统启动,默认使用内部频率为 16 MHz 的 RC 振荡器,本任务需使用 32 MHz 的晶振。在系统启动过程中,增加初始化时钟的函数,将系统主时钟频率设置为 32 MHz。

```
void  init_clock( )
{
   CLKCONCMD &= ~0x7F;       // 设置晶振为 32 MHz
   while( CLKCONSTA & 0x40 )
   {
      ;                      // 等待晶振稳定
   }
   CLKCONCMD &= ~0x47;       // 设置系统主时钟频率为 32 MHz
}
```

③ 编写定时器中断服务函数。

(a)定时器 1 的中断标志。

根据前面对定时器 1 进行的初始化配置,定时器 1 每隔 0.2 s 会产生一次中断请求,自动将定时器 1 的中断标志位 T1IF 位和计数溢出标志位 OVFIF 位置位。

T1IF 位处于 IRCON 寄存器中,该寄存器可进行位寻址,其中还包括了其他定时器的中断标志位,如 T2IF、T3IF 和 T4IF。这些定时器的中断标志在执行相应的中断服务函数时会自动清除,不需要用户手工操作。

OVFIF 位处于 T1STAT 寄存器中,需要手工进行清除。T1STAT 寄存器的描述见表 3-18。

表 3-18　T1STAT 寄存器

位	位名称	复位值	操作	描述
7:6	—	00	R0	未使用
5	OVFIF	0	R/W0	定时器 1 计数器溢出中断标志
4:0	CHxIF	0	R/W0	定时器 1 通道 4 到通道 0 的中断标志

清除定时器 1 计数器溢出中断标志的代码如下所示。

```
T1STAT &= ~0x20;   // 清除定时器 1 计数溢出中断标志位
```

(b)计算定时时间。

定时器 1 的定时周期为 0.2 s,无法直接达到 2 s 的定时时长,可以使用一个自定义变量来统计定时器 1 计数溢出次数,代码如下所示。

```
unsigned char t1_Count=0; // 定时器 1 计数溢出次数计数
```

由于采用正计数 / 倒计数模式,定时器 1 每溢出一次表示经过了 0.2 s,此时让 t1_Count 自动加 1,然后判断 t1_Count 的值。如果 t1_Count 等于 10,则说明定时已达到 2 s,同时要清零 t1_Count 的值,以便开始新的统计周期。

在 tempctrl.c 文件中增加定时器中断处理函数,该函数主要功能是判断定时器是否超时,如果超时,将定时器超时标志位置位,具体工作交由主函数处理。

```
unsigned char t1_Count=0; // 定时器 1 计数溢出次数计数
unsigned char bT1TimeoutFlag = 0;
/******************************************************
函数名称:T1_INT
功能:定时器 1 中断服务函数
入口参数:无
出口参数:无
返回值:无
******************************************************/
#pragma vector = T1_VECTOR
__interrupt void T1_INT( void )
{
```

```
    EA = 0；  // 禁止全局中断
    T1STAT &= ~0x20；   // 清除定时器 1 计数溢出中断标志位
    t1_Count++；       // 定时器 1 溢出次数加 1，溢出周期为 0.2 s

    if( t1_Count == 10 )  // 如果溢出次数达到 10 说明经过了 2 s
    {
        bT1TimeoutFlag = 1；
    }
    EA = 1；  // 允许全局中断
}
```

④ 编写主函数。

整个任务实现的主函数如下，在主函数中增加定时器初始化函数的调用和定时器超时处理功能，此处通过切换 LED2 的亮灭状态来验证定时器功能是否正常。后续任务需要根据具体需求编写响应的处理。

```
/*********************************************************
函数名称：main
功能：程序主函数
入口参数：无
出口参数：无
返回值：无
*********************************************************/
void main( void )
{
    init_led( )；         // 初始化 LED
    init_key_interrupt( )；  // 初始化按键中断
    init_clock( )；       // 设置晶振为 32 MHz
    init_T1_timer( )；    // 初始化 T1 定时器

    led1_switch( )；      //LED1 状态切换
    while( 1 )  // 程序主循环
    {

        if( 1 == bT1TimeoutFlag )
        {
            /* begin 这里增加用户代码 */
```

```
        LED2=~LED2;    // 定时器超时后 LED2 状态切换
        bT1TimeoutFlag = 0;
        t1_Count = 0;
         /* end 这里增加用户代码 */
      }
    }
  }
```

2. 程序编译、链接与运行

保存整个工程,然后编译链接项目,将生成的程序烧写到 CC2530 中,当程序启动后,每隔 2 s LED2 的亮灭状态就切换一次,说明定时器 1 正常工作。

3.2.5　任务 5:温度数据获取模块

【任务要求】

通过采集 CC2530 片内温湿度模拟现场的温湿度,温度值需要通过 A/D 转换模块获取。

【必备知识】

1. 电信号的形式与转换

信息是指客观事物属性和相互联系特性的表征,它反映了客观事物的存在形式和运动状态。表示信息的形式可以是数值、文字、图形、声音、图像以及动画等。信号是信息的载体,是运载信息的工具,信号可以是光信号、声音信号、电信号。电话网络中的电流就是一种电信号,人们可以将电信号经过发送、接收以及各种变换,传递着双方要表达的信息。数据是把事件的属性规范化以后的表现形式,它能被识别,可以被描述,是各种事物的定量或定性的记录。信号数据可以表示任何信息,如文字、符号、语音、图像、视频等等。

从电信号的表现形式上,可以分为模拟信号和数字信号。

1)模拟信号

模拟信号是指用连续变化的物理量所表达的信息,如温度、湿度、压力、长度、电流、电压等等,我们通常又把模拟信号称为连续信号,它在一定的时间范围内可以有无限多个不同的取值。

2)数字信号

数字信号指自变量是离散的、因变量也是离散的信号,这种信号的自变量用整数表示,因变量用有限数字中的一个数字来表示,在计算机中,数字信号的大小常用有限位的二进制数表示。由于数字信号是用两种物理状态来表示 0 和 1 的,故其抵抗材料本身干扰和环境干扰的能力都比模拟信号强很多;在现代技术的信号处理中,数字信号发挥的作用越来越大,几乎复杂的信号处理都离不开数字信号,只要能把解决问题的方法用数学公式表示,就能用计算机来处理代表物理量的数字信号。

3)模拟 / 数字(A/D)转换

模拟 / 数字(A/D)转换通常简写为 ADC,是将输入的模拟信号转换为数字信号。各种被测控的物理量(如:速度、压力、温度、光照强度、磁场等)是一些连续变化的物理量,传感器将这些物理量转换成与之相对应的电压和电流就是模拟信号。单片机系统只能接收数字信号,要处理这些信号就必须把他们转换成数字信号。模拟／数字转换是数字测控系统中必须的信号转换。

2.CC2530 的 ADC 模块

CC2530 芯片的 ADC 支持多达 14 位的模拟数字转换,具有多达 13 位的 ENOB(有效数字位)。它包括一个模拟多路转换器,具有多达 8 个各自可配置的通道以及一个参考电压发生器,如图 3-16 所示。转换结果可以通过 DMA 写入存储器,也可以直接读取 ADC 寄存器获得。

CC2530 的 ADC 模块有如下主要特征。

●可选的抽取率,设置分辨率(7 到 12 位)。

● 8 个独立的输入通道,可接收单端或差分信号。

●参考电压可选为内部单端、外部单端、外部差分或 AVDD5。

●转换结束产生中断请求。

●转换结束时可发出 DMA 触发。

●可以将片内温度传感器作为输入。

●电池电压测量功能。

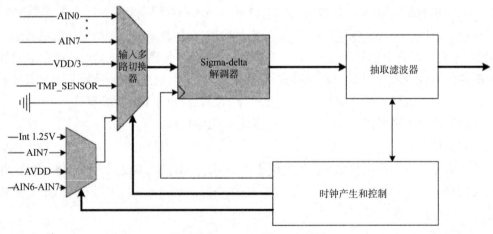

图 3-16　CC2530 的 ADC 结构

3.ADC 的工作模式

1)ADC 模块的输入

对于 CC2530 的 ADC 模块,端口 P0 引脚可以配置为 ADC 输入端,依次为 AIN0~AIN7。可以把输入配置为单端或差分输入。在选择差分输入的情况下,差分输入包括输入对 AIN0-AIN1、AIN2-AIN3、AIN4-AIN5 和 AIN6-AIN7。除了输入引脚 AIN0-AIN7,片上温度传感器的输出也可以选择作为 ADC 的输入用于温度测量;还可以输入一个对应 AVDD5/3 的电压作为一个 ADC 输入,在应用中这个输入可以实现一个电池电压监测器的功能。特别提醒,负电压和大于 VDD(未调节电压)的电压都不能用于这些引脚。它们之间的转换结果是在差分模式下每对输入端之间的电压差值。

8 位模拟量输入来自 I/O 引脚,不必通过编程将这些引脚变为模拟输入,但是,当相应的模拟输入端在 APCFG 寄存器中被禁用时,此通道将被跳过。当使用差分输入时,相应的两个引脚都必须在 APCFG 寄存器中设置为模拟输入引脚。APCFG 寄存器如表 3-19 所示。

表 3-19　APCFG – 模拟 I/O 配置寄存器

位	名称	复位	R/W	描述
7:0	APCFG[7:0]	0x00	R/W	模拟外设 I/O 配置。 APCFG[7:0] 选择 P0.7~P0.0 作为模拟 I/O 0:模拟 I/O 禁用 1:模拟 I/O 使用

单端电压输入 AIN0 到 AIN7 以通道号码 0 到 7 表示。通道号码 8 到 11 表示差分输入,它们分别是 AIN0-AIN1、AIN2-AIN3、AIN4-AIN5 和 AIN6-AIN7 组成。通道号码 12 到 15 分别用于 GND(12)、预留通道(13)、温度传感器(14)和 AVDD5/3(15)。

2)序列 ADC 转换与单通道 ADC 转换

CC2530 的 ADC 模块可以按序列进行多通道的 ADC 转换,并把结果通过 DMA 传送到存储器,而不需要 CPU 任何参与。

转换序列可以由 APCFG 寄存器设置,八位模拟输入来自 I/O 引脚,不必经过编程变为模拟输入。如果一个通道是模拟 I/O 输入,它就是序列的一个通道,如果相应的模拟输入在 APCFG 中禁用,那么此 I/O 通道将被跳过。当使用差分输入,处于差分对的两个引脚都必须在 APCFG 寄存器中设置为模拟输入引脚。

寄存器位 ADCCON2.SCH 用于定义一个 ADC 转换序列。如果 ADCCON2.SCH 设置为一个小于 8 的值,ADC 转换序列包括从 0 通道开始,直到并包括 ADCCON2.SCH 所设置的通道号码。当 ADCCON2.SCH 设置为一个在 8 和 12 之间的值,转换序列包括从通道 8 开始差分输入,到 ADCCON2.SCH 所设置的通道号码结束。

除可以设置为按序列进行 ADC 转换之外,CC2530 的 ADC 模块可以编程实现任何单个通道执行一个转换,包括温度传感器(14)和 AVDD5/3(15)两个通道。单通道 ADC 转换通过写 ADCCON3 寄存器触发,转换立即开始。除非一个转换序列已经正在进行,在这种情况下序列一完成,单个通道的 ADC 转换就会被执行。

【任务实施】

1. 代码设计

(1)通过 IAR 软件打开 3.2.5 创建的工程,本任务是在该工程基础上进行功能完善。

(2)编写代码,该代码主要新增 A/D 转换初始化代码、获取 ADC 获取外部 0 通道电压代码和在主函数增加 A/D 转换初始化函数的调用。

① ADC 初始化函数。

本任务通过测量通道 0 的芯片外部电压,具体的 ADC 初始化函数定义如下:

```
void init_adc(void)
{
    APCFG |=1;              // 设置 P0.0 为模拟端口
    P0SEL |= (1 << (0));    // 设置 P0.0 为外设功能
    P0DIR &= ~(1 << (0));   // 设置 P0.0 为输入方向
}
```

②编写 ADC 获取电压的函数。

单通道的 ADC 转换,只需将控制字写入 ADCCON3 即可,其控制寄存器如表 3-20 所示。

表 3-20　ADCCON3 - ADC 控制寄存器

位	名称	复位	R/W	描述
7:6	SREF[1:0]	00	R/W	选择用于单通道转换的参考电压 00:内部参考电压 01:AIN7 引脚上的外部参考电压 10:AVDD5 引脚 11:AIN6-AIN7 差分输入外部参考电压
5:4	SDIV[1:0]	01	R/W	为单通道 ADC 转换设置抽取率。抽取率也决定完成转换需要的时间和分辨率。 00:64 抽取率(7 位 ENOB) 01:128 抽取率(9 位 ENOB) 10:256 抽取率(10 位 ENOB) 11:512 抽取率(12 位 ENOB)
3:0	SCH[3:0]	0000	R/W	单个通道选择。选择写 ADCCON3 触发的单个转换所在的通道号码。当单个转换完成,该位自动清除。 0000:AIN0 0001:AIN1 0010:AIN2 0011:AIN3 0100:AIN4 0101:AIN5 0110:AIN6 0111:AIN7 1000:AIN0-AIN1 1001:AIN2-AIN3 1010:AIN4-AIN5 1011:AIN6-AIN7 1100:GND 1110:温度传感器 1111:VDD/3

采用内部参考电压 1.25V，AD 源为片内温度，对应的控制字代码如下：

```
ADCCON3  |= 0x3E;
```

ADCCON3 控制寄存器一旦写入控制字，ADC 转换就会启动，使用 while 语句查询 ADC 中断标志位 ADCIF，等待转换结束，代码如下：

```
while(!(ADCCON1&0X80));
{
    ; // 等待 AD 转化结束
}
```

ADC 有两个数据寄存器：ADCL（0xBA）–ADC 数据低位寄存器、ADCH（0xBB）–ADC 数据高位寄存，如表

表 3-21 和表 3-22 所示。

表 3-21　ADCL（0xBA）–ADC 数据低位寄存器

位	名称	复位	R/W	描述
7:2	ADC[5:0]	0000 00	R	ADC 转换结果的低位部分。
1:0	-	00	R0	没有使用。读出来一直是 0

表 3-22　ADCH（0xBB）- ADC 数据高位寄存器

位	名称	复位	R/W	描述
7:0	ADC[13:6]	0x0000	R	ADC 转换结果的高位部分。

当 ADC 转换结束，读取 ADCH、ADCL 并进行电压值的计算。采用内部电压 1.25V，测得电压值 value 与 ADCH、ADCL 的计算关系是：

$$Value=((ADCH*256+ADCL))/4*0.062\,29-338.3$$

在 tempctrl.c 文件中增加 get_adc 函数。该函数主要实现获取 ADC 获取外部 0 通道电压，返回分辨率为 0.01 V 的电压值。

```
float get_adc(void)
{
unsigned int adcvalue;
    float temper;
    ADCCON3 |= 0x3E;      // 内部 1.25V 为参考电压，13 位分辨率，AD 源为片内温度
    While(!(ADCCON1&0X80));        // 等待 AD 转换完成
    adcvalue = (unsigned int)ADCL;
    adcvalue |= (unsigned int)(ADCH << 8);
    adcvalue = adcvalue >> 2;
    temper = adcvalue*0.06229-303.3 - 35;
```

```
        return temper;


    }
```

③编写主函数。

整个任务实现的主函数如下,在主函数中增加 ADC 初始化函数的调用和获取 ADC 电压值函数。

```
/*****************************************************
函数名称:main
功能:程序主函数
入口参数:无
出口参数:无
返回值:无
*****************************************************/
void main(void)
{
    float TempValue = 0;
    init_led();            // 初始化 LED 灯
    init_key_interrupt();  // 初始化按键中断
    init_clock();          // 设置晶振为 32Mhz
    init_T1_timer();       // 初始化 T1 定时器
    init_adc();            // 初始化 ADC


led1_switch();
    while(1)// 程序主循环
    {


        if (1 == bT1TimeoutFlag)
        {
            /* begin 这里增加用户代码 */
            TempValue = get_adc();          // 调用 adc 获取函数
            LED2=~LED2;
            bT1TimeoutFlag = 0;
            t1_Count = 0;
            /* end 这里增加用户代码 */
```

```
            }
        }
    }
```

2. 程序运行

保存整个工程,然后编译链接项目,将生成的程序烧写到 CC2530 中,当程序启动后,可以通过 IAR 代码调试方式,查看 TempValue 是否获取到数据。

3.2.6 任务 6:数据显示和控制模块实现

【任务要求】

(1)为了便于查看片内温度传感器,将检测值呈现出来,在这里通过将检测值发送到串口调试软件上模拟屏幕显示。

(2)如果温度过低,需要对设备进行加热。在这里通过调试助手发送控制命令,远程点亮 LED2 模拟加热功能。

使用计算机端的串口调试程序向实验板发送控制字符,实验板上的 LED2 根据控制字符进行点亮和熄灭两种状态的转换。具体工作方式为:当串口接收到字符"#"时,标志接收到控制命令;LED2 用数字 2 表示;LED2 的亮 / 灭两种状态使用字符"1"和"0"表示,"1"表示点亮 LED2,"0"表示熄灭 LED2。例如:接收到控制命令"21#",则点亮 LED2。

【必备知识】

1. 串口通信介绍

数据通信时,根据 CPU 与外设之间的连线结构和数据传送方式的不同,可以将通信方式分为两种:并行通信和串行通信。

并行通信是指数据的各位同时发送或接收,每个数据位使用单独的一条数据线,有多少位数据需要传送就需要有多少条数据线。并行通信的特点是各位数据同时传送,传送速度快、效率高。并行数据传送需要较多的数据线,因此传送成本高、干扰大、可靠性较差,一般适用于短距离数据通信,多用于计算机内部的数据传送。

串行通信是指数据一位接一位顺序发送或接收。串行通信的特点是数据按位顺序进行传送,最少只需一根数据线即可完成,其传输成本低,传送数据速度慢,一般用于较长距离的数据传送。

串行通信又分同步和异步两种方式。

1)串行同步通信

同步通信中,所有设备使用同一个时钟,以数据块为单位传送数据,每个数据块包括同步字符、数据块和校验字符。同步字符位于数据块的开头,用于确认数据字符的开始;接收时,接收设备连续不断地对传输线采样,并把接收到的字符与双方约定的同步字符进行比较,只有比较成功后才会把后面接收到的字符加以存储。同步通信的优点是数据传输速率快,缺点是要求发送时钟和接收时钟保持严格同步。在数据传送开始时先用同步字符来指示,同时传送时钟信号实现发送端和接收端同步,即检测到规定的同步字符后,就连续按顺序传送数据。这种传送方式对硬件结构要求较高。

2）串行异步通信

异步通信中，每个设备都有自己的时钟信号，通信中双方的时钟频率保持一致。异步通信以字符为单位进行数据传送，每一个字符均按照固定的格式传送，又被称为帧，即异步通信一次传送一个帧。

每一帧数据由起始位（低电平）、数据位、奇偶校验位（可选）、停止位（高电平）组成。帧的格式如图 3-17 所示。

图 3-17　异步通信数据帧格式

（1）起始位：发送端通过发送起始位而开始 1 帧数据的传送。起始位使数据线处于逻辑 0，用来表示 1 帧数据的开始。

（2）数据位：起始位之后就开始传送数据位。在数据位中，低位在前，高位在后。数据的位数可以是 5、6、7 或者 8。

（3）奇偶校验位：可选项，双方根据约定来对传送数据的正确性进行检查，可选用奇校验、偶校验和无校验位。

（4）停止位：在奇偶校验位之后，停止位使数据线处于逻辑 1，用以标志一个数据帧的结束。停止位逻辑值 1 的保持时间可以是 1、1.5 或 2 位，通信双方根据需要确定。

（5）空闲位：在一帧数据的停止位之后，线路处于空闲状态，可以是很多位，线路上对应的逻辑值是 1，表示一帧数据结束，下一帧数据还没有到来。

2.CC2530 串行通信接口

CC2530 芯片共有 USART0 和 USART1 两个串行通信接口，它能够运行于异步模式（Universal Asynchronous Receiver/Transmitter，UART）或者同步模式（Serial Peripheral Interface, SPI）。两个 USART 具有同样的功能，可以设置单独的 I/O 引脚，USART0 和 USART1 可使用备用位置 Alt 1 或备用位置 Alt 2，见表 3-23。

表 3-23　CC2530 串口外设与 GPIO 引脚的对应关系

外设 / 功能	P0								P1								P2				
	7	6	5	4	3	2	1	0	7	6	5	4	3	2	1	0	4	3	2	1	0
USART0_SPI Alt2（备选位置）			C	SS	MO	MI					MO	MI	C	SS							
USART0_ UART Alt2			RT	CT	TX	RX					TX	RX	RT	CT							
USART1_SPI Alt2			MI	MO	C	SS						MI	MO	C	SS						
USART1_ UART Alt2			RX	TX	RT	CT						RX	TX	RT	CT						

在 UART 模式中,可以使用双线连接方式(包括 RXD、TXD)或四线连接方式(包括 RXD、TXD、RTS 和 CTS),其中 RTS 和 CTS 引脚用于硬件流量控制。

【任务实施】

1. 电路分析

要使用 CC2530 单片机和计算机进行串行通信,需要了解常用的串行通信接口。常用的串行通信接口标准有 RS232C、RS422A 和 RS485 等。由于 CC2530 单片机的输入输出电平是晶体管—晶体管逻辑(Transistor-Transistor Logic, TTL)电平,计算机配置的串行通信接口是 RS232C 标准接口,两者的电气规范不一致,要完成两者之间的通信,需要在两者之间进行电平转换。CC2530 单片机和计算机进行串行通信的方案如图 3-18 所示。

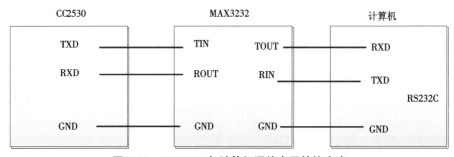

图 3-18　CC2530 与计算机通信电平转换方案

实验板上 CC2530 的串行通行接口电路如图 3-19 所示。

串口通信电路连接上采用 3 线制,将单片机和计算机的串行接口用 RXD、TXD、GND

三条线连接起来。计算机的 RXD 线连接单片机的 TXD,计算机的 TXD 线连接单片机的 RXD,共地线。串口通信的其他握手信号均不使用。计算机端的 RS232C 规定逻辑 0 的电平为 5~15 V,逻辑 1 的电平为 -15~-5 V。由于单片机的 TTL 电平和 RS232C 的电气特性完全不同,必须经过 MAX3232 芯片进行电平转换。

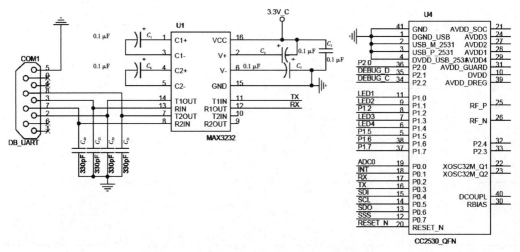

图 3-19　CC2530 的串行通信接口电路图

2. 代码编写

(1)通过 IAR 软件打开 3.2.5 节创建的工程,本任务是在其基础上进行功能完善。

(2)编写代码,新增串口初始化代码、串口发送函数代码和在主函数中增加串口初始化函数的调用。

程序中的核心内容是对串口进行初始化配置及串口发送函数和接收函数的编写。对串口进行初始化配置可参照图 3-20 所示步骤。

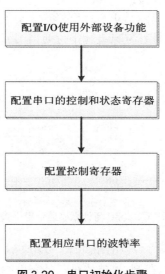

图 3-20　串口初始化步骤

① 串口初始化函数。

串口通信使用前要先进行初始化操作,串口初始化有如下三个步骤。

(a)配置 I/O 使用外部设备功能。本任务首先配置 P0_2 和 P0_3 用作串口 UART0。片内外设引脚位置采用上电复位默认值,即 PERCFG 寄存器采用默认值。USART0 使用位置 1, P0.2、P0.3、P0.4、P0.5 作为片内外设 I/O,用作 UART 方式。然后配置相应串口的控制和状态寄存器 UxCSR,见表 3-24。

表 3-24　UxCSR:USARTx 控制和状态寄存器

位	名称	复位	操作	描述
7	MODE	0	R/W	USART 模式选择 0:SPI 模式 1:UART 模式
6	REN	0	R/W	UART 接收使能,注意在接收器完全配置之前不能够使能 0:禁用接收器 1:接收器使能
5	SLAVE	0	R/W	SPI 主从模式选择 0:SPI 主模式 1:SPI 从模式
4	FE	0	R/W0	UART 数据帧错误状态 0:无数据帧错误 1:字节收到不正确的停止位
3	ERR	0	R/W0	UART 奇偶错误状态 0:无奇偶错误检测 1:字节收到奇偶错误
2	RX_BYTE	0	R/W0	接收字节状态。URAT 模式和 SPI 从模式。当读取 U0DBUF/UIDBOF 时,该位自动清除;当写入 0 清除时,将丢弃 U0DBUF/U1DBUF 的数据。 0:没有收到字节 1:准备好接收字节
1	TX_BYTE	0	R/W0	传送字节状态。URAT 模式和 SPI 主模式 0:字节没有被传送 1:写到数据缓存寄存器的最后字节被传送
0	ACTIVE	0	R	USART 传送 / 接收主动状态,在 SPI 从模式下该位等于从模式选择 0:USART 空闲 1:在传送或者接收模式 USART 忙碌

配置寄存器的代码如下所示。

```
PERCFG = 0x00;
P0SEL = 0x3c;      // 设置 P2、P3、P4、P5 为外设接口
U0CSR |= 0x80;     // 模式设置为 UART 模式
```

(b)设置 UART 的工作方式。

UART 的工作方式由 UxUCR 寄存器决定,见表 3-25。UART0 配置参数采用上电复

位,默认值如下。

- 硬件流控:无。
- 奇偶校验位(第9位):奇校验。
- 第9位数据使能:否。
- 奇偶校验使能:否。
- 停止位:1个。
- 停止位电平:高电平。
- 起始位电平:低电平。

表3-25　UxUCR:USARTx UART 控制寄存器

位	名称	复位	操作	描述
7	FLUSH	0	R0/W1	清除单元。当设置时,该事件将会立即停止当前操作并且返回单元的空闲状态
6	FLOW	0	R/W	UART 硬件流使能。用 RTS 和 CTS 引脚选择硬件流控制的使用 0:流控制禁止 1:流控制使能
5	D9	0	R/W	UART 奇偶校验位。当使能奇偶校验时,写入 D9 的值决定发送的第9位的值,如果收到的第9位不匹配收到字节的奇偶校验,接收时报告 ERR。如果奇偶校验使能,可以设置以下奇偶校验类型 0:奇校验 1:偶校验
4	BIT9	0	R/W	UART 9 位数据使能。当该位是1时,使能奇偶校验位传输(即第9位)。如果通过 PARITY 使能奇偶校验,第9位的内容是通过 D9 给出的 0:8 位传送 1:9 位传送
3	PARITY	0	R/W	UART 奇偶校验使能 0:禁用奇偶校验 1:奇偶校验使能
2	SPB	0	R/W	UART 停止位的位数,选择要传送的停止位的位数 0:1 位停止位 1:2 位停止位
1	STOP	1	R/W	UART 停止位的电平必须不同于开始位的电平 0:停止位低电平 1:停止位高电平
0	START	0	R/W	UART 起始位电平。 0:起始位低电平 1:起始位高电平

配置寄存器的代码如下所示。

```
U0UCR|=0x80;
```

(c)配置串口工作的波特率。

当运行在 UART 模式时,内部的波特率发生器设置 UART 波特率。当运行在 SPI 模式时,内部的波特率发生器设置 SPI 主时钟频率。由寄存器 UxGCR.BAUD_E[4: 0] 和 Ux-BAUD.BAUD_M[7: 0] 定义波特率,相关寄存器见表 3-26 和表 3-27。该波特率用于 UART 传送,也用于 SPI 传送的串行时钟速率。波特率计算公式为

$$波特率 = \frac{(256 + \text{BAUD\_M}) \times 2^{\text{BAUD\_E}}}{2^{28}} \times f$$

式中　f——系统时钟频率,等于 16 MHz RCOSC 或者 32 MHz XOSC。

表 3-26　UxGCR:USARTx 通用控制寄存器

位	名称	复位	操作	描述
7	CPOL	0	R0/W1	SPI 的时钟极性 0:负时钟极性 1:正时钟极性
6	CPHA	0	R/W	SPI 时钟相位 0:当 SCK 从 0 到 1 时数据输出到 MOSI,并且当 SCK 从 1 到 0 时 MISO 数据输入 1:当 SCK 从 1 到 0 时数据输出到 MOSI,并且当 SCK 从 0 到 1 时 MISO 数据输入
5	ORDER	0	R/W	传送位顺序 0:LSB 先传送 1:MSB 先传送
4:0	BAUD_E [4:0]	00000	R/W	波特率指数值。BAUD_E 和 BAUD_M 决定了 UART 波特率和 SPI 的主 SCK 时钟频率

表 3-27　UxBAUD:USARTx 波特率控制寄存器

位	名称	复位	操作	描述
7:0	BAUD_M [7:0]	0x00	R/W	波特率小数部分的值。BAUD_E 和 BAUD_M 决定了 UART 的波特率和 SPI 的主 SCK 时钟频率

在 TI 公司提供的数据手册中,给出了 32 MHz 系统时钟下各常用波特率的参数值,见表 3-28。真实波特率与标准波特率之间的误差,用百分数表示。

表 3-28　32 MHz 系统时钟常用的波特率设置

波特率 /(b/s)	UxBAUD.BAUD_M	UxGCR.BAUD_E	误差 /%
2 400	59	6	0.14
4 800	59	7	0.14
9 600	59	8	0.14
14 400	216	8	0.03
19 200	59	9	0.14
28 800	216	9	0.03
38 400	59	10	0.14
57 600	216	10	0.03

波特率 /(b/s)	UxBAUD.BAUD_M	UxGCR.BAUD_E	误差 /%
76 800	59	11	0.14
115 200	216	11	0.03
230 400	216	12	0.03

配置寄存器的代码如下所示。

```
U0BAUD=216；
U0GCR=11；
```

以上（ a ）（ b ）（ c ）三部分内容构成了整个串口初始化代码。

```
void init_uart0( void )
{
    PERCFG=0x00；
    P0SEL=0x3c；
    U0CSR|=0x80；
    U0BAUD=216；
    U0GCR=11；
    U0UCR|=0x80；  // 设置单片机 UART 通信其他参数:数据位、停止位、校验位
    UTX0IF=0；    // 清零 UART0 TX 中断标志
    EA=1；       // 使能全局中断
}
```

② 串口发送函数。

为了便于查看片内温度传感器,将检测值呈现出来,在这里通过将检测值发送到串口调试软件上模拟屏幕显示。CC2530 的串口初始化完毕后,会向 USART 收发数据缓冲寄存器 UxBUF 写入数据,该字节数据就通过 TXDx 引脚发送出去。数据发送完毕后,中断标志位 UTXxIF 被置位。程序通过检测 UTXxIF 来判断数据是否发送完毕。

发送字符串函数是通过调用发送字节数据函数实现的。串口发送字节数据的函数如下。

```
/***************************************************
 * 函数名称:send_byte
 * 功能:UART0 发送字节数据
 * 入口参数:c
 * 出口参数:无
 * 返回值:无
 ***************************************************/
```

```
void  send_byte( unsigned char c )
{
    U0DBUF = c;              // 将要发送的 1 B 数据写入 U0DBUF
    while( ! UTX0IF );      // 等待 TX 中断标志, 即 U0DBUF 就绪
    UTX0IF = 0;             // 清零 TX 中断标志
}
```

通过串口 UART0 发送字符串的函数, 循环调用字节数据发送函数 send_byte 逐个发送字符, 通过判断是否遇到字符串结束标记控制循环(务必添加字符结束字符)。程序代码如下所示。

```
/**********************************************************
* 函数名称:send_string
* 功能:UART0 发送字符串
* 入口参数:*str
* 出口参数:无
* 返回值:无
**********************************************************/
void   send_string( unsigned char *str )
{
  While( *str ! = '\0' )
  {
    send_byte( *str++ );  // 发送 1 B
  }
}
```

③ 编写主函数。

整个任务实现的主函数如下,在主函数中增加串口初始化函数的调用和串口发送函数。

```
/**********************************************************
函数名称:main
功能:程序主函数
入口参数:无
出口参数:无
返回值:无
**********************************************************/
char data[ ]="获取 CC2530 芯片内温度传感器! \n";
void main( void )
```

```
{
    float TempValue = 0;
    init_led( );              // 初始化 LED
    init_key_interrupt( );    // 初始化按键中断
    init_clock( );            // 设置晶振为 32 MHz
    init_T1_timer( );         // 初始化 T1 定时器
    init_adc( );              // 初始化 ADC
    init_uart0( );            // 串口初始化
    led1_switch( );
    while( 1 )   // 程序主循环
    {
        if( 1 == bT1TimeoutFlag )
        {
            /* begin 这里增加用户代码 */
            TempValue = get_adc( );          // 调用 ADC 获取函数

            data[0] =( unsigned char )( TempValue )/10 + 0x30;    // 十位
            data[1] =( unsigned char )( TempValue )%10 + 0x30;   // 个位
            data[2] = '.';                    // 小数点
            data[3] =( unsigned char )( TempValue *10 )%10 + 0x30;  // 十分位
            data[4] =( unsigned char )( TempValue *100 )%10 + 0x30;  // 百分位

            data[5]='C';
            data[6]='\n';
            data[7]='\0';
            send_string( data );
            bT1TimeoutFlag = 0;
            //LED2=~LED2;注释该语句
            t1_Count = 0;
            /* end 这里增加用户代码 */
        }
    }
}
```

打开串口调试助手,设置波特率为 115 200 bps 后,点击"打开串口"后这个按钮字变为"关闭串口",可以看到采集到的芯片内温度数据,如图 3-21 所示。

图 3-21　采集芯片内温度运行效果

④ 串口接收函数。

如果检测到的温度过低,需要对设备进行加热。通过调试助手发送控制命令,点亮 LED2 模拟加热功能。

通过寄存器 UxBUF 接收数据,当读出 UxBUF 时，UxCSR.RX_BYTE 位由硬件清零。中断代码如下所示。

```
#pragma vector = URX0_VECTOR
__interrupt void myInterrupt( )
{
    URX0IF = 0;    // 清除标志位
    recv_data( );    // 接收串口数据
}
```

计算机与 CC2530 通过串口通信,发送字符控制 LED,对接收数据的处理是程序中的关键。CC2530 接收数据处理流程如图 3-22 所示。

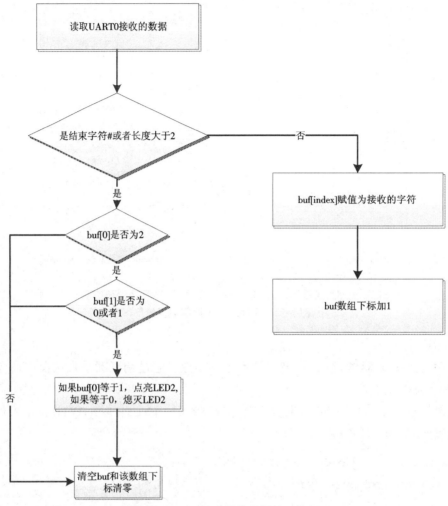

图 3-22　CC2530 接收数据处理流程

　　串口 UART0 接收到数据后,如果不是结束字符或者缓冲区的下标 uindex 小于 2,则正在接收的控制命令字符存入缓冲区,否则 CC2530 接收完整的控制命令,将控制命令中 LED 的编号和点亮 / 熄灭的控制信息分别解析出来控制相应的 LED,同时处理完成后需要清空缓冲区和数组下标 uindex,以便能接收后续的命令。实现代码如下。

　　(a)增加全局变量。

```
unsigned char c, index =0;
unsigned char buf[3];
```

　　(b)接收函数的代码。

```
void  recv_data( void )
{
    c = U0DBUF;
```

```
        buf[index] = c;  //11#

        if( buf[index] == '#' || index >= 2 )
        {
          // 处理指令
          switch( buf[index-2] )
          {
            case '2' :
              {
                //led2 灯亮
                if( buf[index-1] == '1' )
                {
                    LED2 = 1;
                }
                else if( buf[index-1] == '0' )
                {
                    LED2 = 0;
                }
                break;
              }
          }
          for( unsigned char i =0; i<3; i++ )
          {
              buf[i] = 0;
          }
          index = 0;
        }
        else
        {
            index++;
        }
    }
```

⑤ 修改串口初始化代码。

UART 串口在默认配置时是不允许接收数据的, 因此需要在 init_uart0 函数中增加配置 U0CSR 启动 UART 接收器比特位的语句和清除中断接收标志位, 增加代码如下所示。

> URX0IF = 0；　　　　　　// 清零 UART0 RX 中断标志
>
> U0CSR |= 0X40；　// 允许接收
>
> // 打开单片机串口接收中断功能（一共有 18 个中断,接收中断仅仅是其中一个）
>
> URX0IE =1；　//URX01E 是 IEN0 的一个比特位,使能串口 0 接收功能

3. 程序编译、链接与运行

保存整个工程,然后编译链接项目,将生成的程序烧写到 CC2530 中,让 CC2530 与计算机通过串口相连接。使用串口调试软件时应注意以下几点。

（1）根据计算机串口连接情况,选择正确的串口号。如果使用 USB 转串口线连接,需要安装好驱动程序,通过计算机设备管理器查找出正确的串口号。

（2）选择正确的串口参数。本任务使用的串口波特率为 11 520 bps,无奇偶校验,1 位停止位。

（3）发送模式选择文本模式。

使用串口调试软件分别发送控制字符串 21#20#,观察单片机上的 LED2 亮 / 灭状态转换。

串口控制运行效果如图 3-23 所示。

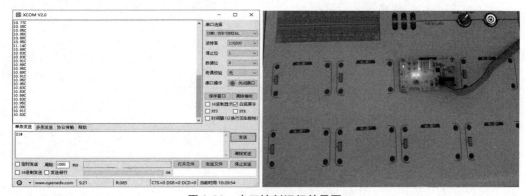

图 3-23　串口控制运行效果图

注意,这里使用 XCOM 调试软件发送命令,需要将"发送新行"选项去掉。

3.3　本章总结

本章利用 CC2530 模拟一个低温加热控制系统,在项目中将 GPIO 端口的输出控制和输入识别、中断系统和外部中断输入应用、定时 / 计数器的概念和运用方法、A/D 转换模块运用方法、串口通信有机地融入任务。通过本章节的学习,为进一步学习 BasicRF 和 ZigBee 协议栈打好基础。

3.4　习题

一、选择题

1. CC2530 芯片有(　　　)引脚,有(　　　)个 I/O 端口,其中 P0 和 P1 各有(　　　)个端口,P2 有(　　　)个端口。

A.40,20,8,5　　　　　　　　　　B.40,21,8,5

C.30,20,5,8　　　　　　　　　　D.40,21,5,8

2. 要把 CC2530 芯片的 P1_0、P1_1、P1_2、P1_3 设置为 GPIO 端口,P1_4、P1_5、P1_6、P1_7 设置为外设端口,正确的操作是(　　　)。

A.P1SEL=0xF0　　　　　　　　　　B.P1SEL=0x0F

C.P1DIR=0xF0　　　　　　　　　　D.P1DIR=0x0F

3.CC2530 的 I/O 端口 P1_0 和 P1_1 端口有(　　　)的驱动能力。

A. 4 mA　　　　B. 8 mA　　　　C. 16 mA　　　　D. 20 mA

4.(　　　)是 CC2530 端口 0 方向寄存器。

A.P0SEL　　　　B.P1SEL　　　　C.P0DIR　　　　D.P1DIR

5. 设置定时器 1 工作模式的是(　　　)特殊功能寄存器。

A.T1CC0H　　　　B.T1CC0L　　　　C.T1IE　　　　D.T1CTL

6. 串行口每一次传送(　　　)字符。

A. 1 个　　　　B. 一串　　　　C.1 帧　　　　D. 1 bit

7. 如果已经允许 P0 中断,只允许 P0 端口的高 4 位中断,P0IEN=(　　　)。

A.0x0E　　　　B.0x0F　　　　C.0xE0　　　　D.0xF0

8. 配置串口工作的波特率为 57 600 bps 的代码为(　　　)。

A. U0BAUD = 216,U0GCR = 10;

B. U0BAUD = 216,U0GCR = 9;

C. U0BAUD = 59,U0GCR = 10;

D. U0BAUD =59,U0GCR = 9;

9. CC2530 的内部时钟频率设置为 32 MHz, 定时时长为 0.2 s,采用定时器 1,模式为模模式,时钟频率为 128 分频,则最大计数为(　　　)。

A. 25 000　　　　B. 31 250　　　　C. 50 000　　　　D. 100 000

10. 定时器 1 的计数信号来自 CC2530 内部系统时钟信号的分频,默认使用内部频率为(　　　)

A.16 MHz 的 RC 振荡器　　　　　　B.32 MHz 的 RC 振荡器

C.8 MHz 的 RC 振荡器　　　　　　D.4 MHz 的 RC 振荡器

二、编程题

1.编写程序控制实验板上的 LED1 和 LED2 的亮 / 灭状态,使它们以流水灯方式进行工作。

2.编写一个工程,使实验板上的 LED 按下面方式进行工作:

(1)LED1 每隔 2 s 闪烁一次;

(2)当按一次按键后 LED1 灯每隔 1 s 闪烁一次;

(3)再按一次变成 0.5 s 闪烁一次;

(4)再按一次,时间变得更短,直到灯常亮。

3. CC2530 开机后按照设定的时间间隔,定时 2 s 发送 "welcome to CC2530 world",有数据发送时,点亮 LED1,发送完毕后,熄灭 LED1。具体要求为:定时器工作模式采用模模式,串口使用串口 1,波特率为 9 600 bps。

第 4 章　基于 BasicRF 的无线通信应用

本章主要介绍 BasicRF 无线通信应用技术及其应用开发,首先介绍 BasicRF 软件架构和关键函数,然后介绍工作原理,最后通过"智慧工厂"案例将 BasicRF 的知识点和技能点融入任务之中。项目包含六个任务,分别为环境搭建系统实现、办公区改造系统实现、生产车间改造系统实现、仓库改造系统实现、数据监视系统实现和远程控制系统实现。通过项目逐层分解方式实现光照、红外和温湿度传感器组成 BasicRF 无线传感器网络汇聚到上位机和命令下发控制。通过本章的学习,可以更好地掌握和理解基于 BasicRF 的无线通信应用以及在一个项目中建立多个设备的配置方法和编程技巧,为进一步学习 Z-Stack 协议栈打好基础。

知识目标

- 了解 BasicRF Layer 工作机制。
- 理解发送地址和接收地址、PAN_ID、RF_CHANNEL 等概念。
- 熟悉无线发送、接收函数等 API 函数。
- 掌握 BasicRF 的调用方法。
- 了解 BasicRF、board、common 等驱动文件的作用。
- 掌握 ADC、中断等函数。
- 理解串口读写函数。

技能目标

- 能够建立和配置 BasicRF 项目工程。
- 能够使用 CC2530 建立点对点的无线通信。
- 能实现模拟量、数据量和逻辑量传感器的信号采集功能。
- 能实现基于 BasicRF 的无线采集与网络组建功能。
- 能够在项目中建立多个设备,并进行设备配置。
- 能够熟练使用条件预编译方法。

4.1　BasicRF 简介

BasicRF 是简单无线点对点传输协议,功能较为简单,通过这个协议能够进行数据的发送和接收,可用来进行无线设备数据传输的入门学习。

4.1.1　BasicRF 概述

BasicRF 由 TI 公司提供,它包含了 IEEE 802.15.4 标准的数据包的收发。这个协议只是用来演示无线设备是如何进行数据传输的,不包含完整功能的协议。其他采用了与 802.15.4MAC 兼容的数据包结构及确认包结构。其主要特点如下。

(1)不会自动加入协议、也不会自动扫描其他节点也没有组网指示灯,不具备"多跳""设备扫描"功能。

(2)节点之间的地位都是对等的,没有 Z-Stack 协议栈协调器、路由器或者终端的区分。

(3)没有自动重发的功能。BasicRF 层为双向无线通信提供了一个简单的协议。

因此,BasicRF 是简单无线点对点传输协议,可用来进行 Z-Stack 协议栈无线数据传输的入门学习。

4.1.2　无线网络通信信道分析

天线对于无线通信系统来说至关重要,在日常生活中可以看到各式各样的天线,如手机天线、电视接收天线等,天线的主要功能可以概括为:完成无线电波的发射与接收。发射时,把高频电流转换为电磁波发射出去;接收时,将电磁波转换为高频电流。

一般情况,不同的电波具有不同的频谱,无线通信系统的频谱由几十兆赫兹到几千兆赫兹,包括了收音机、手机、卫星电视等使用的波段,这些电波都使用空气作为传输介质来传播,为了防止不同的应用之间相互干扰,就需要对无线通信系统的通信信道进行必要的管理。各个国家都有自己的无线管理结构,如美国联邦通信委员会(Federal Communications Commission,FCC)、欧洲的电信标准委员会(European Telecommunications Standards Institute,ETSI)。我国的无线电管理机构为中国无线电管理委员会,其主要职责是负责无线电频率的划分、分配与指配,卫星轨道位置协调和管理,无线电监测、检测,干扰查处,协调处理电磁干扰事宜和维护空中电波秩序等。

一般情况下,使用某一特定的频段需要得到无线电管理部门的许可,当然,各国的无线电管理部门也规定了一部分频段是对公众开放的,不需要许可便能使用,以满足不同的应用需求。这些频段包括 ISM 频带。除了 ISM 频带外,在我国,低于 135 kHz,在北美、日本等低于 400 kHz 的频带也是免费频段。各国对无线电频谱的管理不仅规定了 ISM 频带的频率,同时也规定了在这些频带上所使用的发射功率,在项目开发过程中,需要查阅相关的手册,如我国信息产业部发布的《微功率(短距离)无线电设备管理暂行规定》。

IEEE 802.15.4(ZigBee)工作在 ISM 频带,定义了三个频段,2.4 GHz 频段和 868 MHz、915 MHz 频段。在 IEEE 802.15.4 中共规定了 27 个信道,如图 4-1 所示。

(1)在 2.4 GHz 频段,共有 16 个信道,信道通信速率为 250 Kbps。

(2)在 915 MHz 频段,共有 10 个信道,信道通信速率为 40 Kbps。

(3)在 868 MHz 频段,有 1 个信道,信道通信速率为 20 Kbps。

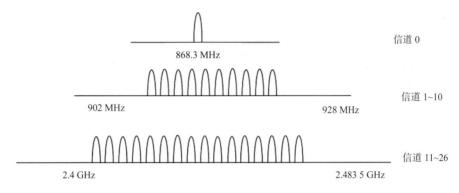

图 4-1　ISM 频段信道分布

其中：2.4 GHz 是全球通用的 ISM 频段，915 MHz 是北美 ISM 频段，915 MHz 是欧洲认可的 ISM 频段。

4.1.3　BasicRF 工程软件架构

TI 公司提供了基于 CC253× 芯片的 BasicRF 软件包，其包括硬件层（Hardware Layer）、硬件抽象层（Hardware Abstraction Layer，HAL）、基本无线传输层（BasicRF Layer）和应用层（Application Layer），如图 4-2 所示。

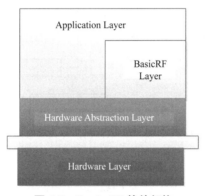

图 4-2　Basic RF 软件架构

（1）Application Layer：它为用户使用 BasicRF 层和 HAL 所提供的接口。整个 BasicRF 工程的 main 函数就放在用户层，用户代码基本上都在用户层文件里进行。

（2）BasicRF Layer 为双向无线传输提供一种简单的协议，但它并不是协议栈。

（3）Hardware Abstraction Layer：硬件抽象层，为无线和板载资源（例如：液晶显示器（Liquid Crystal Display）、串口、按键和定时器等）提供访问接口。HAL 介于软件跟硬件之间，是驱动硬件资源最直接的层，所以有关系统时钟、中断、板载资源等由 HAL 管理。

（4）Hardware Layer 其实硬件已经不属于 BasicRF 工程软件的范畴了，它是使用 BasicRF 运行所需要的硬件平台。

4.1.4　BasicRF 软件包

BasicRF 的示例代码包为 CC2530 BasicRF.rar(位于资源包 "06 协议栈 \01CC2530 BasicRF" 目录下)，直接解压即可。用户也可登录 TI 公司的官方网站下载，然后进行解压即可。BasciRF 软件包文件夹层次结构如图 4-3 所示。

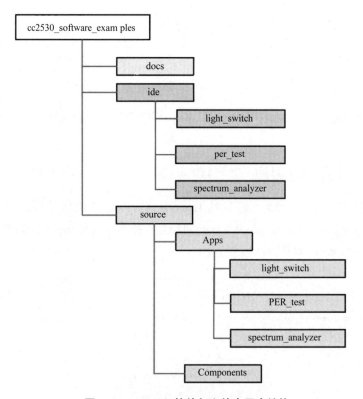

图 4-3　BasciRF 软件包文件夹层次结构

1.docs 文件夹

打开 docs 文件夹里面仅有一个名为 CC2530_Software_Examples 的 PDF 文档，这个文档是 BasicRF 的例程说明书，文档介绍了 BasicRF 的特点、结构及使用，里面有 BasicRF 有三个实验例程：无线点灯、传输质量检测、谱分析应用。

2.ide 文件夹

打开 ide 文件夹后里面有三个文件夹及一个 cc2530_sw_examples.eww 工程，其中 ide 工程是上面提及的三个实验例程的集合。

（1）ide\Settings 文件夹：每个基础实验的文件夹里面都有，是 IAR 的相关设置，比如 IAR 的注释是什么颜色的等。

（2）ide\srf05_CC2530 文件夹：里面有三个工程，分别是 light_switch.eww、per_test.eww、spectrum_analyzer.eww 。

（3）srf05_cc2530_91 文件夹：里面有两个工程的 hex 文件，分别是 light_switch.hex、per_ test.hex。

（4）cc2530_sw_example.eww 就 是 这 三 个 工 程（light_switch.eww、per_test.eww、spectrum_analyzer.eww）的总工程,也就是将上述工程包装在一起。

3.source 文件夹

顾名思义,这个文件夹就是放置工程源文件的。它里面有两个子文件夹,分别是 app 和 components,其特点如下。

（1）source\apps 文件夹:存放 BasicRF 三个实验应用实现的源代码。

（2）Source\components 文件夹:是 BasicRF 的一些底层驱动文件,包括 BasicRF 协议、HAL 驱动文件、加密文件、系统驱动文件等。

4.1.5　BasicRF API 函数简介

（1）初始化函数 basicRfInit 进行协议初始化,函数主要功能是初始化 BasicRF 的数据结构体,设置 PANID、通信信道和本机地址。在调用此函数前,必须先调用 halBoardInit 函数来初始化板载外设和射频接口。该函数的原型格式为

　　　uint8 basicRfInit(basicRfCfg_t* pRfConfig)

入参 pRfConfig:basicRfCfg_t 型结构体变量。

其中返回值:SUCCESS 表示初始化成功;FAILED 表示初始化失败。

（2）发送函数 basicRfSendPacket,该函数将数据发送到目的地址的节点,发送成功返回成功,否则返回失败。返回成功表明目标节点收到数据并发回应答信号。该函数原型格式为

　　　uint8 basicRfSendPacket(uint16 destAddr, uint8* pPayload, uint8 length)

各入参如下所述。

① destAddr:发送的目标地址,即接收模块的地址。

② pPayload:指向发送缓冲区的地址,该地址的内容是将要发送的数据。

③ length:发送数据长度,单位是字节。

其中返回值:SUCCESS 表示发送成功;FAILED 表示发送失败。

（3）basicRfPacketIsReady,函数检查用户层是否接收到数据。该函数原型格式为

　　　uint8 basicRfPacketIsReady( )

该函数没有入参。

其中返回值 1 为接收到无线数据包,0 为没有接收到无线数据包。

（4）接收函数 basicRfReceive,由用户层调用,用于将 basicRF 层接收到的数据和 RSSI 值,存入预先分配的缓冲区。该函数原型格式为

　　　uint8 basicRfReceive(uint8* pRxData, uint8 len, int16* pRssi)

各入参如下所述。

① pRxData:接收数据缓冲区。

② len:接收数据长度。

③ pRssi:说明无线信号强度,它与模块的发送功率以及天线的增益有关。

其中返回值为接收到数据字节数,如果长度为零表示没有接收到数据。

(5)数据接收器打开函数,由用户层调用,用于打开数据接收器,如果接收器没有关闭,则一直能够接收数据。该函数原型格式为

　　　void basicRfReceiveOn(void)

该函数的入参和返回值均为空。

4.2　BasicRF 工作原理

1.BasicRF 启动

BasicRF 启动,具体流程如下。

(1)调用 halBoardInit 函数初始化板载外设、射频接口、系统时钟、中断、串口等。

(2)创建 basicRfCfg_t 数据结构,并初始化该结构的无线通信的网络 ID、信道、接收和发送模块短地址等成员,若需要加密的话,则在用户层会分配一个 16 B 的密钥,默认情况,不启用加密功能。数据结构定义如下所示。

```
typedef struct
{
    unsigned short myAddr;
    unsigned short panId;
    unsigned char channel;
    unsigned char ackRequest;
    #ifdef SECURITY_CCM
        unsigned char *securityKey;
        unsigned char *securityNonce;
    #endif
} basicRfCfg_t;
```

basicRfCfg_t 数据结构各成员变量解释如下。

① myAddr:本机节点地址(16 位短地址),取值范围 0x0000 ~ 0xffff,作为识别本模块的地址。

② panId:网络 ID,取值范围 0x0000 ~ 0xffff,建立通信的双方该参数必须保持一致。

③ channel:通信信道,取值范围 11~26,建立通信的双方该参数必须一致。

④ ackRequest:应答信号。

⑤ securityKey 和 securityNonce:加密参数,通过 SECURITY_CCM 预编译选项决定是否启用该功能。

为 basicRfCfg_t 型结构体变量 basicRfConfig 配置参数,初始化示例代码如下。

```
basicRfConfig.panId = PAN_ID;   // 网络 ID 号设置
basicRfConfig.channel   = RF_CHANNEL;   //zigbee 的频道设置
basicRfConfig.myAddr    = MY_ADDR;   // 设置本机地址
basicRfConfig.ackRequest = TRUE;         // 应答信号
```

（3）调用 halRfInit 给无线电上电、通过相关寄存器的设置来配置无线电、使能自动应答和配置无线电 I/O 接口，调用 halBoardInit( )后才可以调用此函数。

2.BasicRF 无线数据发送

（1）将配置 BasicRF 结构体进行初始化，并为下一步的数据发送创建一个负载缓冲区，

（2）如果要发送数据，就调用 basicRfSendPacket( )将数据通过无线信道发送出去。

发送函数代码分析如下。

```
1    static void appSwitch( )
2    {
3      pTxData[0] = LIGHT_TOGGLE_CMD;
4      basicRfConfig.myAddr = SWITCH_ADDR;
5      /* 将配置的 BasicRF 结构体进行初始化,如果失败,打印断言 */
6      if( basicRfInit( &basicRfConfig )==FAILED )
7      {
8        HAL_ASSERT( FALSE );
9      }
10     // 关闭接收模式,节能
11     basicRfReceiveOff( );
12
13     while( TRUE )
14     {
15       if( halJoystickPushed( ) )
16       {
17           basicRfSendPacket( LIGHT_ADDR, pTxData, APP_PAYLOAD_LENGTH );
18
19           halIntOff( ); // 关中断
20           halMcuSetLowPowerMode( HAL_MCU_LPM_3 ); // Will turn on global
21           // interrupt enable
22            halIntOn( );  // 开中断
23       }
24     }
25   }
```

程序分析如下。

（1）第 3 行，把要发送的数据 LIGHT_TOGGLE_CMD（宏定义该值为 1）放到缓冲区中，数组 pTxData 就是待发送的数据缓冲区，即把要发送的数据存放到该数组中。

（2）第 6 行，basicRfInit( )函数就会调用 halRfInit( )函数将配置好的 basicRfCfg_t 结构体写到 BasicRF 层，并使能中断。

（3）第 17 行，调用发送函数 basicRfSendPacket 发送数据。

3. BasicRF 无线数据接收

（1）通过调用 basicRfPacketIsReady 函数，以查询的方式检测用户层是否接收到数据。

（2）用户层首先创建一个足够大的缓冲区用于接收用户数据，并创建 2 B 的缓冲区来存放 RSSI 值，然后调用 basicRfReceive( )函数真正接收数据。

```
1    static void appLight( )
2    {
3
4        // Initialize BasicRF
5        basicRfConfig.myAddr = LIGHT_ADDR;
6        /* 将配置的 BasicRF 结构体进行初始化，如果失败，打印断言 */
7        if( basicRfInit( &basicRfConfig )==FAILED )
8        {
9            HAL_ASSERT( FALSE );
10       }
11       basicRfReceiveOn( );   // 关闭接收模式，节能
12
13       while( TRUE )
14       {
15           while( ! basicRfPacketIsReady( ))// 判断是否有无线数据
16           {
17               ;
18           }
19           // 首先创建一个足够大的缓冲区用于接收用户数据，并创建 2 B 的缓冲
20           // 区来存放 RSSI 值，然后调用 basicRfReceive( )函数接收数据。
21       if( basicRfReceive( pRxData, APP_PAYLOAD_LENGTH, NULL )> 0 )
22           {
23                   if( pRxData[0] == LIGHT_TOGGLE_CMD )
24                   {
25                       halLedToggle( 1 );
26                   }
```

```
27              }
28          }
29  }
```

程序分析如下。

（1）第 15 行，调用 basicRfPacketIsReady（ ）函数来检查是否收到一个新的数据包，若有新数据，则返回 TRUE。

（2）第 21 行，调用 basicRfReceive（ ）函数，把接收到的数据复制到 buffe 中，即 pRxData 数组中。

（3）第 23 行，判断接收的内容与发送的数据是否一致。若正确，则改变 LED1 灯的亮/灭状态。

结合上述初始化、发送和接收流程，发送方和接收方的交互流程如图 4-4 所示。

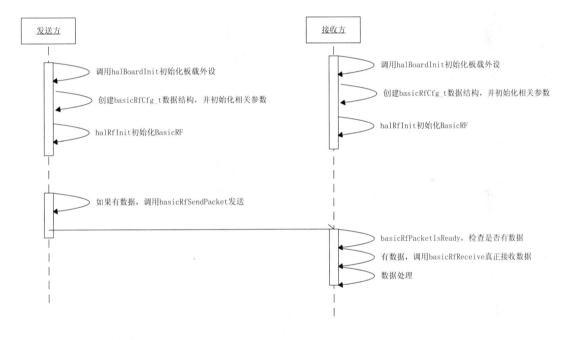

图 4-4　发送方和接收方时序图

4.3　开发项目：智慧工厂

智慧工厂是现代工厂信息化发展的新阶段，是在数字化工厂的基础上，利用物联网的感知技术和设备监控技术加强信息管理和服务。能够提高生产过程的可控性、减少生产线上人工的干预、即时正确地采集生产线数据，安排合理的生产计划及把控生产进度。现构建一个高效节能的、绿色环保的、环境舒适的人性化工厂。根据投资者要求，设计智慧工厂系统，要求如下。

（1）工厂有两栋建筑,第一栋为仓库只有 1 层;第二栋为 2 层的主楼,第一层为生产车间、第二层为信息化办公室;一期项目主要对仓库和主楼进行升级改造。

（2）仓库是工厂存放生产材料、成品的地方,要注意仓库区域的温湿度,同时保持良好的通风,室内干燥且不潮湿,如果温度过低,能够自动开启加热功能。

（3）下班期间将开启红外传感器监控生产车间是否有非法入侵,若有非法入侵,则推送信息到监控中心(以串口调试助手代替)。

（4）办公室安装有光照感应装置,定时将光照信息发送到监控中心(以串口调试助手代替)。

考虑到工厂内部线路老化,智慧工厂已经不再适宜进行有线改造,需要采用无线方式进行改造。

4.3.1　任务 1:项目分析

项目团队现场调研后,决定在 NEWLab 实训平台通过 BasicRF 无线组网技术进行可行性验证工作。采用光照传感器模块和 ZigBee 模块组成模拟量采集节点 A 模拟化办公室。红外传感器模块和 ZigBee 模块组成开关量采集节点 B 模拟生产车间。采用温湿度传感器模块和 ZigBee 模块组成逻辑量采集节点 C 模拟仓库。A、B、C 节点实时采集传感器的信号,每隔 2 s 将采集的传感器信号通过无线网络传给汇聚节点模块(该节点通过串口与计算机相连),并在计算机串口调试软件上显示采集的数据。通过计算机串口调试软件发送温湿度阈值,模拟自动加热功能。网络拓扑图如图 4-5 所示。

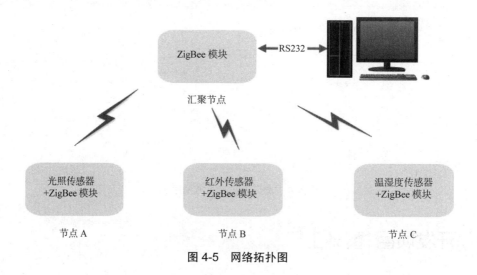

图 4-5　网络拓扑图

4.3.2　任务 2:BasicRF 开发环境的搭建

【任务要求】

搭建 BasicRF 开发环境,创建工程并配置工程属性。

【任务实施】

1. 新建工程和程序文件,添加组以及头文件搜索路径

流程图如图 4-6 所示。

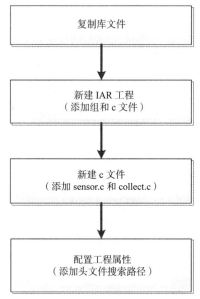

图 4-6 新建工程流程图

(1)复制库文件。将 CC2530_lib 和 sensor_drv 文件夹复制到该任务的工程文件夹内,即"D:\zigbee\factory"内(可以是其他路径),并在该工程文件夹内新建一个 Project 文件夹,用于存放工程文件和源代码文件。

(2)新建 IAR 工程。并在工程中新建 app、basicrf、board、common、mylib、sensor_drv、utils 等 7 个组,把各文件夹中的"xx.c"文件添加到对应的文件夹中。

① basicrf 组添加的文件:basic_rf.r51。

② board 组添加的文件:hal_adc.c、hal_board.c 和 hal_led.c。

③ common 组添加的文件:hal_clock.c、hal_digio.c、hal_init.c、hal_mcu.c、hal_rf.c、hal_rf_secutity.c 和 hal_uart.c。

④ mylib 组添加的文件:TIMER.C 和 UART_PRINT.c。

⑤ utils 组添加的文件:util.c。

⑥ sensor_drv 组添加的文件:get_adc.c 和 get_swsensor.c 和 sh10.c。

(3)新建程序文件。新建两个源程序文件,将其命名为 sensor.c 和 collect.c,保存在 D:\zigbee\factory\Project 文件夹中。其中 sensor.c 存放传感器采集和发送数据的代码,collect.c 是汇聚节点接收无线数据和数据呈现的代码。将这两个文件添加到 IAR 工程中的 app 组中。

(4)为工程添加头文件搜索路径。点击 IAR 菜单中的【Project】→【Options...】,在弹出的对话框中选择"C/C++ Compiler",然后选择"Preprocessor"选项卡,并在"Additional include directories：(one per line)"中输入头文件的路径，将资源包的 CC2530_lib 下子目录和 sensor_drv 目录加入搜索路径中，如图 4-7 所示，然后点击"OK"按钮。

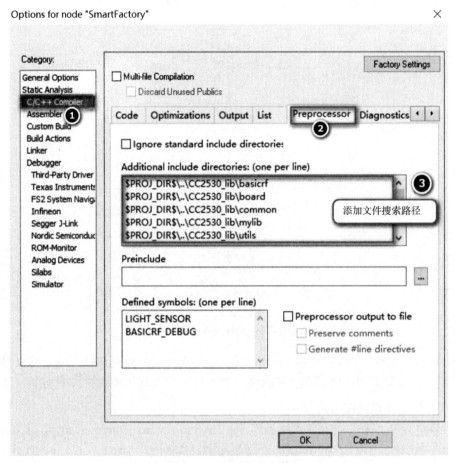

图 4-7　工程添加头文件

注意：

(1)$PROJ_DIR$\ 即当前工作的 workspace 的目录；

(2)..\ 表示对应目录的上一层。

例如：$TOOLKIT_DIR$\INC\ 和 $TOOLKIT_DIR$\INC\CLIB\，都表示当前工作的 workspace 的目录。$PROJ_DIR$\ ..\inc 表示 workspace 目录上一层的 INC 目录。

2. 配置工程

点击 IAR 菜单中的【 Project 】→【 Options... 】，分别对"General Options""Linker"和"Debugger"三项进行配置。

(1)General Options 配置。选中"Target"选项卡，在"Device"栏内选择"CC2530F256. i51"(路径：C:\···\8051\config\devices\Texas Instruments)，如图 4-8 所示。

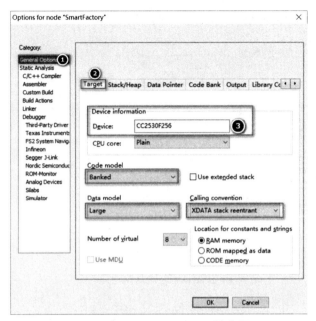

图 4-8　General Options 配置选项

（2）Linker 配置。选中 "Config" 选项卡，勾选 "Override default"，并在该栏内选择 "lnk51ew_CC2530F256_banked.xcl" 配置文件，其路径为：C：\...\8051\config\devices\Texas Instruments，如图 4-9 所示。

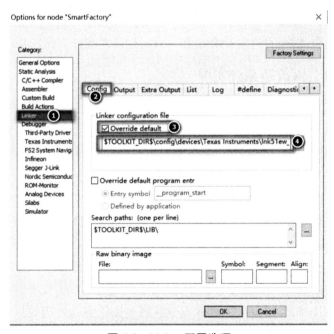

图 4-9　Linker 配置选项

（3）Debugger 配置。选中 "Step" 选项卡，在 "Driver" 栏内选择 "Texas Instruments"；在 "Device Description file" 栏内勾选 "Override default"，并在该栏内选择 "io8051.ddf" 配置文

件,其路径为:C:\...\8051\config\devices_generic,如图 4-10 所示。

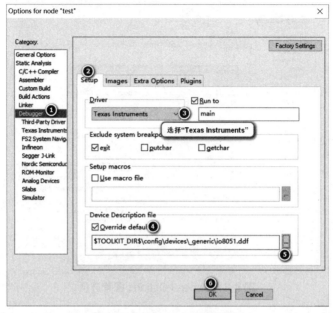

图 4-10　Debugger 配置选项

最后点击"OK"按钮,使修改的参数生效。

3. 编译和下载程序

在 sensor.c 文件中添加主函数,然后点击工具栏中的 🖳 图标进行编译、链接程序,如果没有编译链接的问题,则表明建立 IAR 工程以及工程属性配置正确。

4.3.3　任务 3:办公区改造系统实现

【任务要求】

根据任务需求采用光照传感器模块和 ZigBee 模块组成一个模拟量传感器采集节点模拟办公室,模拟办公区光照采集,并将采集数据通过无线传输至汇聚节点。在数据发送时,发送节点 LED1 亮 100 ms。

【必备知识】

模拟量是指在时间和数值上都是连续的物理量。在利用相应传感器对光照度和空气质量等进行数据采集时,所输出的信号就是典型的模拟量。

在采集光照度传感数据时,通常使用光敏传感器,而光敏传感器的理论基础是光电效应。光可以认为是由具有一定能量的粒子(称为光子)所组成的,光照射在物体表面上就可看成是物体受到一连串的光子轰击,而光电效应就是由于该物体吸收到光子能量后产生的电效应,称为光电效应。光电效应通常可以分为外光电效应、内光电效应和光生伏特效应。在光线的作用下,物体内的电子逸出物体表面向外发射的现象称为外光电效应。基于外光电效应的光电器件有光电管、光电倍增管等。在光线的作用下,电子吸收光子能量从键合状态过渡到自由状态,而引起材料电导率的变化,这种现象被称为内光电效应,又称光电导效应。基于这种效应的光电器件有光敏电阻等。在光线的作用下,能够产生一定方向的电动势的现象叫作光生伏特效应。光敏传感器广泛用于导弹制导、天文探测、光电自动控制系统、极薄零件的厚度检测器、光照量测量设备、光电计数器、光电跟踪系统等方面。

【任务实施】

1. 打开工程

打开 4.3.2 中创建的工程。

2. 编写程序

根据任务要求,可将整个程序的控制流程图用图 4-11 表示。

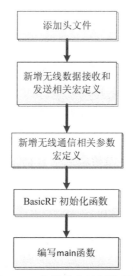

图 4-11　终端节点控制流程图

（1）在 sensor.c 中增加头文件,增加的头文件以及头文件的作用如下所示。

```
#include "hal_defs.h"   // 通用定义,uint8,uint16 用到该头文件
#include "hal_cc8051.h"  //I/O 口的定义
#include "hal_int.h"    // 中断函数库定义
#include "hal_mcu.h"    //CPU 初始化使用,如工作频率、时延
#include "hal_board.h"   // 模块板的相关配置（如 LED、按键）
#include "hal_led.h"    // 使用到的 LED 相关操作
#include "hal_adc.h"
#include "hal_rf.h"     // 无线函数库定义
#include "basic_rf.h"   //basicRfCfg_t 定义及使用
#include "hal_uart.h"   // 串口操作函数
#include "TIMER.h"     // 定时操作
#include "get_adc.h"    // 模数转换
```

```
#include "sh10.h"
#include "UART_PRINT.h" // 串口读写操作
#include "util.h"        // 工具库


#include <stdlib.h>
#include <string.h>      //字符串操作
#include <stdio.h>       // 标准输入输出
#include <math.h>        // 数学库
```

（2）新增无线数据接收和发送相关宏定义以及变量定义，pRxData用于保存从无线接收到的数据，pTxData用于存放发送数据缓冲区。

```
#define MAX_SEND_BUF_LEN  128
#define MAX_RECV_BUF_LEN  128
static uint8 pTxData[MAX_SEND_BUF_LEN]; // 定义无线发送缓冲区的大小
static uint8 pRxData[MAX_RECV_BUF_LEN]; // 定义无线接收缓冲区的大小
```

（3）新增无线通信相关参数宏定义，为了增加代码的可读性，对PANID、信道ID和本机地址和目的地址进行宏定义，其中光照传感器节点地址是0x0001，目的节点地址是0x1234（协调器的地址）。

```
#define RF_CHANNEL        20          // 可用信道11~26，这里使用20
#define PAN_ID            0x1379      // 网络ID
#ifdef  LIGHT_SENSOR                  // 光照传感器预编译选项
#define MY_ADDR           0x0001      // 本机模块地址
#endif
#define SEND_ADDR         0x1234      // 发送地址
```

（4）新增变量定义，定义basicRfCfg_t结构体变量basicRfConfig和定时器超时标志位APP_END_DATA_FLAG，当定时时长达到2 s时，该变量被置为1。

```
static basicRfCfg_t basicRfConfig;
uint8  APP_SEND_DATA_FLAG;
```

（5）编写BasicRF初始化函数。

```
void ConfigRf_Init( void )
{
    basicRfConfig.panId =PAN_ID;      // 设置 PAN ID 号
    basicRfConfig.channel   = RF_CHANNEL；//设置通道
    basicRfConfig.myAddr    =  MY_ADDR；   //设置节点的本机地址
    basicRfConfig.ackRequest =  TRUE；      // 设置应答信号
    // 初始化 BasicRF 的参数,如果配置没有成功,继续配置,直到初始化成功为止
    while( basicRfInit( &basicRfConfig )== FAILED );
    basicRfReceiveOn( );              // 打开 RF
}
```

（6）编写 sensor.c 文件的主函数 main,该函数首先完成初始化工作,包括模块相关硬件资源初始化,无线收发参数配置初始化和定时器的启动工作,然后进入主循环函数,判断定时器是否超时,如果定时器超时,获取光照传感器 A/D 转换的电压值,最后将获取的电压值通过无线方式发送给目的节点。主函数的流程图如图 4-12 所示。

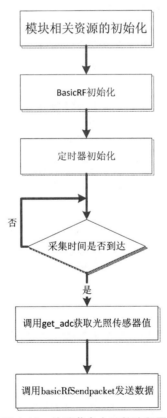

图 4-12　终端节点主函数流程图

```
1    void main( void )
2    {
3      uint16 sensor_val, sensor_tem;
4      uint16  len = 0;
5
6      halBoardInit( );  // 模块相关资源的初始化
7      ConfigRf_Init( );  // 无线收发参数的配置初始化
8      Timer4_Init( );  //T4 定时器初始化
9      Timer4_On( );  // 打开 T4 定时器
10
11   #if defined( LIGHT_SENSOR )
12      HalAdcInit( );          //ADC 初始化
13   #endif /* LIGHT_SENSOR */
14      while( 1 )
15      {
16        // 调用 GetSendDataFlag 函数获取定时器是否超时
17        APP_SEND_DATA_FLAG = GetSendDataFlag( );
18        if( APP_SEND_DATA_FLAG == 1 ) // 定时时间到
19        {
20          /*【传感器采集、处理】开始 */
21   #if defined( LIGHT_SENSOR ) // 光照传感器
22          sensor_val=get_adc( );   // 获取模拟电压
23          // 把采集的数据拷贝到字符数组中
24          printf_str( pTxData,
25   " 光照传感器电压:%d.%02dV\r\n", sensor_val/100, sensor_val%100 );
26
27          srand1( sensor_val );
28          halMcuWaitMs( randr( 100, 400 ));
29       #ifdef BASICRF_DEBUG
30          // 把采集数据转化成字符串,以便于在串口上显示观察
31          uart_printf( pTxData );
32       #endif /*CC2530_DEBUG*/
33      #endif
```

```
34
35          // 把数据通过无线发送出去
36          basicRfSendPacket( SEND_ADDR, pTxData, strlen( pTxData ));
37          FlashLed( 1, 100 );// 无线发送指示，LED1 亮 100 ms
38          Timer4_On( ); // 再次打开定时
39      } /*【传感器采集、处理】结束 */
40      }
41 }
42
```

① 第 11~13 行，代码条件编译选项，用来选择是否启用光照传感器模块功能，如果启用该功能，调用 HalAdcInit 初始化 ADC 模块。

② 第 22~25 行，主要功能是通过 get_adc 函数读取 A/D 转换的光照传感器的电压值，然后将电压值组装到发送缓冲区中。

③ 第 27~28 行，为了避免无线信道发送数据碰撞，产生一个 100~400 ms 的随机数，并延时该随机数时间。

④ 第 29~32 行，条件编译，使用宏主要目的是为了便于代码调试，若 BASICRF_DEBUG 宏开启，则将发送信息输出到上位机的调试助手查看采集的数据是否正确，这个宏在代码调试完成后关闭掉。

⑤ 第 36 行，调用 basicRfSendPacket 函数把采集的数据发送出去，发送地址是汇聚节点的地址，缓冲区数据是组装的字符串。

⑥ 第 38 行再次打开定时器，使定时器在下一个周期内再次生效。

3. 建立配置模块设备

1）建立模块设备

选择菜单栏中的【Project】→【Edit Configurations...】选项，如图 4-13 所示。

图 4-13　编辑工程配置选项

弹出项目的配置对话框，如图 4-14 所示，系统会检测出项目中存在的模块设备，默认有 Debug 和 Release 模块设备。单击 "New" 按钮，在弹出的对话框中输入模块名称为 "ligth_ sensor"，如图4-15中标号①所示，工程设置选择，基于Debug模块进行配置，如图4-15中标号②所示；然后单击"OK"按钮完成模块设备的建立，最后在项目配置对话框中就可以自动检测出刚才建立的模块设备"light_sensor"。

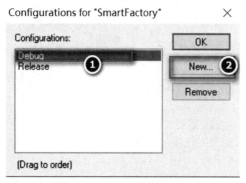

图4-14　项目配置对话框

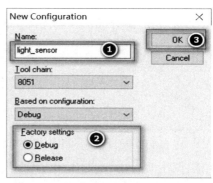

图4-15　光照传感器模块配置对话框

2）设置模块Options选项

为了给模块设备设置对应的条件编译参数，在此需要进行如下设置：在IAR项目工作组（Workspace）中选择"light_sensor"模块，如图4-16中标号①所示；然后在工程中单击右键选择"Options"选项，如图4-16中标号②所示。

图4-16　工程属性选择

在弹出的对话框中选择"C/C++ Compile"类别，如图4-17中标号①所示，在右边的窗口中选择"Preprocessor"，如图4-17中标号②所示，然后在"Defined symbols："中输入"LIGHT_SENSOR"和"BASICRF_DEBUG"条件编译参数，具体设置如图4-17中标号③所示。最后点击"OK"按钮，确保修改后的参数生效。

图 4-17 光照传感器模块设置 Options 选项

4. 编译、链接和下载程序

将光照传感器模块固定在 NEWLab 平台上，在 IAR 工作组中选择"light_sensor"模块，点击工具栏中的 ░░░ 图标，编译、链接程序，如果没有编译链接问题，用串口线将 NEWLab 平台与计算机相连，给 NEWLab 平台上电，下载光照传感器采集节点的程序到 ZigBee 模块中。

5. 运行程序

（1）将 NEWLab 平台的通信模块开关打到"通信模式"。

（2）打开上位机串口调试助手软件，首先设置波特率为 115 200 bps，其他参数为默认配置，然后点击"打开串口"按钮，如图 4-18 中①和②所示。在串口调试助手输出窗口可以看到采集的光照数据。

图 4-18　光照采集程序运行结果

在程序验证通过后,将"BASICRF_DEBUG"条件编译选项注释掉,即在预编译选项前面增加一个"x",修改为"xBASICRF_DEBUG"即可,如图 4-19 所示。然后重新编译链接代码,确保代码没有问题。

图 4-19　注释 CC2530_DEBUG 条件编译选项

注意:如果多组同时进行实训,则每组间的通道 ID 和 PANID 至少有一个不同。如果完全相同,则存在信号窜扰,数据收发不正常。

4.3.4　任务 4:生产车间改造系统实现

【任务要求】

采用红外传感器模块和 ZigBee 模块组成一个开关量传感器采集节点,模拟生产车间红外传感器数据采集,并将采集到的数据通过无线传输至汇聚节点。在数据发送时,发送节点 LED1 亮 100 ms。

【必备知识】

开关量传感数据可以对应于模拟量传感数据的"有"和"无",即对应于"1"和"0"两种状态,是传感数据中最基本、最典型的一类。在利用相应传感器采集红外信号或声音信号并判定其有无时,所输出的就是典型的开关量。

在采集红外传感数据时,通常使用红外传感器,而红外传感器是一种能感知目标所辐射的红外信号并利用红外信号的物理性质来进行测量的器件。本质上,可见光、紫外光、红外光及无线电等都是电磁波,它们之间的差别只是波长(或频率)的不同而已。红外信号因其频谱位于可见光中的红光以外,因而称之为红外光。考虑到任何温度高于绝对零度的物体都会向外部空间辐射红外信号,因此红外传感器广泛应用于航空航天、天文、气象、军事、工业和民用等众多领域。

【任务实施】

1. 打开工程

打开 4.3.3 中创建的工程。

2. 新增相关参数宏定义

在 sensor.c 文件中新增无线通信相关参数宏定义,新增红外节点的地址是 0x0002。

```
#ifdef IR_SENSOR              // 红外传感器
#define MY_ADDR      0x0002   // 本机模块地址
#endif
```

3. 修改 sensor.c 文件的主函数 main

在 4.3.3 任务完成的基础上,增加红外传感器的数据采集功能并将采集数据通过无线发送出去。

```
1    void main( void )
2    {
3      uint16 sensor_val,sensor_tem;
4      uint16  len = 0;
5
6      halBoardInit( ); // 模块相关资源的初始化
7      ConfigRf_Init( ); // 无线收发参数的配置初始化
8      Timer4_Init( ); // 定时器初始化
9      Timer4_On( ); // 打开定时器
```

```
10     #if defined（LIGHT_SENSOR）
11        HalAdcInit（）；
12     #endif /*FIRE_SENSOR*/
13        while（1）
14        {
15
16           APP_SEND_DATA_FLAG = GetSendDataFlag（）；
17           if（APP_SEND_DATA_FLAG == 1）//定时时间到
18           {
19           /*【传感器采集、处理】开始 */
20        #if defined（LIGHT_SENSOR）// 光照传感器
21              …
22           #endif /*CC2530_DEBUG*/
23        #endif
24
25
26     #if defined（IR_SENSOR）// 红外传感器数据采集处理
27              sensor_val=get_swsensor（）；  // 获取红外传感器检测结果
28              // 把采集的数据转化成字符串，以便于在串口上显示观察
29              if（sensor_val）
30              {
31               printf_str（pTxData,"红外传感器电平:%d\r\n",sensor_val）；
32
33              }
34              else
35              {
36               printf_str（pTxData,"红外传感器电平:%d\r\n",sensor_val）；
37
38              }
39
40              srand1（sensor_val）；
41              halMcuWaitMs（randr（500,900））；
42           #ifdef BASICRF_DEBUG
```

```
43
44          // 把采集数据转化成字符串，以便于在串口上显示观察
45          uart_printf( pTxData );
46 #endif /*BASICRF_DEBUG*/
47 #endif
48          //halLedToggle( 1 );      // 绿灯取反，无线发送指示
49          // 把数据通过无线发送出去
50          basicRfSendPacket( SEND_ADDR, pTxData, strlen( pTxData ));
51          FlashLed( 1, 100 );// 无无线发送指示，LED1 亮 100 ms
52          Timer4_On( ); // 打开定时
53      } /*【传感器采集、处理】结束 */
54    }
55 }
```

main 函数中 27~47 行是新增代码，代码的主要功能如下。

① 第 26 行，条件编译，若 IR_SENSOR 宏开启，则启用采集红外传感器数据功能，否则，关闭该功能。

② 第 27 行，调用 get_swsensor 函数获取红外传感器检测结果。

③ 第 42~46 行，条件编译，这里使用宏是为了便于代码调试，若 BASICRF_DEBUG 宏开启，则将发送信息输出到上位机的调试助手，这个宏在代码调试完成后关闭掉。

④ 第 50 行，调用 basicRfSendPacket 函数把采集的数据发送出去，发送地址是汇聚节点的地址，缓冲区数据是组装的字符串。

⑤ 第 52 行再次打开 T4 定时器，使定时器在一个周期内再次生效。

4. 建立与配置模块设备

（1）建立模块设备。

选择菜单栏中的【Project】→【Edit Configurations...】，弹出项目的配置对话框，系统会检测出项目中存在的模块设备。

单击 "New" 按钮，在弹出的对话框中输入模块名称为："ir_sensor"，基于 Debug 模块进行配置，然后单击 "OK" 按钮完成模块设备的建立。最后在项目配置对话框中就可以自动检测出刚才建立的模块设备 "ir_sensor"。

（2）设置 Options 选项。为了给模块设备设置对应的条件编译参数，在此需要进行如下设置：在项目工作组中选择 "ir_sensor" 模块，单击右键选择 "Options"，在弹出的对话框中选择 "C/C++ Compile" 类别，在右边的窗口中选择 "Preprocessor" 选项中的 "Defined symbols：" 输入 IR_SENSOR 和 BASICRF_DEBUG。

5. 编译和下载程序

将红外传感器模块固定在 NEWLab 平台，在 IAR 的 Workspace 中选择 "ir_sensor" 模块，编译程序无误后，用串口线将 NEWLab 平台与计算机相连，给 NEWLab 平台上电，下载

程序到红外传感器采集节点的 ZigBee 模块中。

　6. 程序运行

（1）将 NEWLab 平台的通信模块开关打到"通信模式"。

（2）打开上位机串口调试助手软件,首先设置波特率为 115 200,其他参数为默认配置,然后点击"打开串口"按钮,如图 4-20 中①和②所示。在串口调试助手接收信息窗口可以看到采集的红外数据。

图 4-20　红外采集程序运行结果

在程序验证通过后, 将"BASICRF_DEBUG"条件编译选项注释掉,即在预编译选项前面增加一个"x",修改为"xBASICRF_DEBUG",点击"OK"按钮,然后重新编译链接代码,确保代码没有问题。

4.3.5　任务 5：仓库改造系统实现

【任务要求】

采用温湿度传感器模块和 ZigBee 模块组成一个逻辑量传感器采集节点,模拟仓库温湿度采集,并将采集数据通无线传输至汇聚节点。有数据发送时,发送节点 LED1 亮 100 ms。

【必备知识】

在采集温度传感数据时,通常使用温度传感器,而温度传感器能感知物体温度并将非电学的物理量转换为电学量。温度传感器按测量方式可分为接触式和非接触式两大类。接触式温度传感器直接与被测物体接触进行温度测量,由于被测物体的热量传递给传感器,降低了被测物体温度,特别是被测物体热容量较小时,测量精度较低。因此采用这种方式要测得物体的真实温度的前提条件是被测物体的热容量要足够大。非接触式温度传感器主要是利用被测物体热辐射而发出红外线,从而测量物体的温度,可进行遥测。其制造成本较高,测量精度却较低。其优点在于不从被测物体上吸收热量,因而不会干扰被测对象的温度场。

在采集湿度传感数据时,通常使用湿度传感器,而湿度传感器是指能够感受外界湿度变化,并通过器件材料的物理或化学性质变化,将非电学的物理量转换为电学量的器件。

在许多应用中,并不需要严格测量温度值,只是关心温度是否超出一个设定范围,一旦温度超出所规定的范围,则发出报警信号,启动或关闭风扇、空调、加热器或其他控制设备。

【任务实施】

1. 打开工程

打开 4.3.4 中创建的工程。

2. 新增相关参数宏定义

在 sensor.c 文件中增加温湿度传感器的无线通信相关参数宏定义,增加温湿度节点的本机地址。

```
#ifdef  TEMP_SENSOR          // 温湿度传感器
#define MY_ADDR     0X0003 // 温湿度传感器节点主机地址
#endif
```

3. 在 sensor.c 文件的 main

主函数中增加温湿度传感器数据获取的代码。

```
1    void main( void )
2    {
3      uint16 sensor_val,sensor_tem;
4      uint16  len = 0;
5      halBoardInit( ); // 模块相关资源的初始化
6      ConfigRf_Init( ); // 无线收发参数的配置初始化
7      // halLedSet( 1 );
8      // halLedSet( 2 );
9      Timer4_Init( ); //T4 定时器初始化
10     Timer4_On( ); // 打开 T4 定时器
11     #if defined( LIGHT_SENSOR )
12     HalAdcInit( );
13   #endif /*LIGHT_SENSOR*/
14     while( 1 )
15     {
16
17       APP_SEND_DATA_FLAG = GetSendDataFlag( );
18       if( APP_SEND_DATA_FLAG == 1 ) // 定时时间到
```

```
19        {
20
21            /*【传感器采集、处理】开始 */
22        #if defined（LIGHT_SENSOR）// 光照传感器
23            …
24        #endif
25
26        #if defined（IR_SENSOR）//红外传感器
27            …
28        #endif
29        #if defined（TEMP_SENSOR）// 温湿度传感器
30            call_sht11（&sensor_tem,&sensor_val）; // 获取温湿度数据
31            // 把采集数据转化成字符串,以便于在串口上显示观察
32            printf_str（pTxData,
33    " 温湿度传感器,温度:%d.%d, 湿度:%d.%d\r\n",
34    sensor_tem/10,sensor_tem%10,
35    sensor_val/10,sensor_val%10 ）;
36
37            #ifdef BASICRF_DEBUG
38            // 把采集数据转化成字符串,以便于在串口上显示观察
39            uart_printf（pTxData）;
40            #endif /*CC2530_DEBUG*/
41        #endif
42            // 把数据通过无线发送出去
43            basicRfSendPacket（SEND_ADDR, pTxData,strlen（pTxData ））;
44        FlashLed（1,100）;// 用于指示无线数据发送,有数据时 LED1 亮 100 ms
45            Timer4_On（ ）; // 再次打开 T4 定时
46        }
47    /*【传感器采集、处理】结束 */
48      }
49    }
```

29~41 行是新增温湿度数据采集的代码,主要的功能如下。

① 第 29 行,通过条件编译决定代码是否生效,若 TEMP_SENSOR 宏开启,则启用采集温湿度传感器数据功能,否则,关闭该数据采集功能。

② 第 30 行,调用 call_sht11 函数获取温湿度传感器采集数据。

③ 第 37~40 行,条件编译,这里使用宏的目的是为了方便代码调试,若 BASICRF_

DEBUG 宏开启,则将发送信息输出到上位机的调试助手,这个宏在代码调试完成后关闭掉。

④ 第 43~45 行,将采集的温湿度数据发送到汇聚节点,同时通过 LED1 亮 100 ms 指示节点正在发送数据。

4. 建立与配置模块设备

(1)建立模块设备。建立模块设备的操作步骤与建立光照传感器模块设备一样,只需要输入设备名称"temp_sensor"即可。

(2)模块 Options 设置。此处的操作步骤和光照传感器模块操作步骤一样,只需在预编译选项中输入"TEMP_SENSOR"和"BASICRF_DEBUG"即可。

5. 编译和下载程序

将温湿度传感器模块固定在 NEWLab 平台,在 Workspace 中选择"temprh_sensor"模块,编译程序无误后,用串口线将 NEWLab 平台与计算机相连,给 NEWLab 平台上电,下载程序到温湿度传感器采集节点的 ZigBee 模块中。

6. 程序运行

(1)将 NEWLab 平台的通信模块开关打到"通信模式"。

(2)打开上位机串口调试助手软件,首先设置波特率为 115 200 bps,其他参数为默认配置,然后点击"打开串口"按钮,如图 4-21 中①和②所示。在串口调试助手接收信息窗口可以看到采集的温湿度数据。

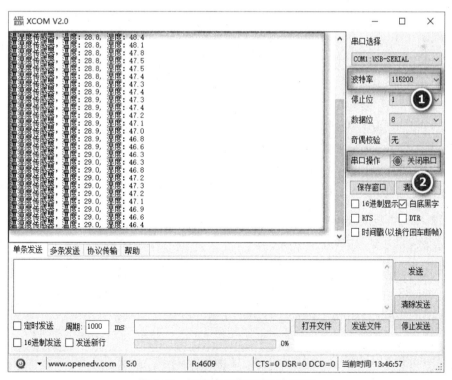

图 4-21　温湿度采集程序运行结果

当程序验证通过后, 将"BASICRF_DEBUG"条件编译选项注释掉,即在预编译选项前面增加一个"x",修改为"xBASICRF_DEBUG",点击"OK"按钮,重新编译链接代码,确保代码没有问题。

4.3.6　任务6:数据监视系统实现

【任务要求】

汇聚节点通过 BasicRF 点对点无线通信正确地接收光照、温湿度和红外传感节点采集的数据,并将数据显示在上位机的串口调试助手上。具体要求如下。

(1)接收到传感器采集数据后,汇聚节点 LED2 亮 100 ms。

(2)汇聚节点与上位机串口调试助手的波特率是 115 200,8 位数据位,1 位停止位。

(3)串口调试助手接收信息窗口显示如下信息:光照传感器显示格式如下:"光照传感器电压:××.××V";红外数据显示格式如下:"红外传感器电平:××";温湿度数据显示格式如下:"温湿度传感器,温度:××.××,湿度:××.××"。

【任务实施】

1.打开工程

打开 4.3.5 创建的工程。

2.编写程序

(1)在 IAR 中打开 collect.c 文件,增加的头文件以及头文件的作用如下所示。

```
#include "hal_defs.h" // 通用定义,uint8,uint16 等定义放在该文件中
#include "hal_cc8051.h" //I/O 口的定义
#include "hal_int.h"   // 中断函数库定义
#include "hal_mcu.h"   //CPU 初始化使用,如工作频率、时延等
#include "hal_board.h" // 模块板的相关配置( 如 LED、按键等 )
#include "hal_led.h"   //LED 相关操作
#include "hal_rf.h"    // 无线函数库定义
#include "basic_rf.h"  //basicRfCfg_t 定义及使用
#include "hal_uart.h"  // 串口操作函数
```

(2)新增无线数据接收和发送相关宏,定义无线接收和发送缓冲区的宏。

```
#define MAX_SEND_BUF_LEN  128
#define MAX_RECV_BUF_LEN  128
static uint8 pTxData[MAX_SEND_BUF_LEN]; // 定义无线发送缓冲区的大小
static uint8 pRxData[MAX_RECV_BUF_LEN]; // 定义无线接收缓冲区的大小

#define MAX_UART_SEND_BUF_LEN  128
#define MAX_UART_RECV_BUF_LEN  128
uint8 uTxData[MAX_UART_SEND_BUF_LEN]; // 定义串口发送缓冲区的大小
```

```
uint8 uRxData[MAX_UART_RECV_BUF_LEN]; // 定义串口接收缓冲区的大小
uint16 uRxlen = 0;              // 从串口接收数据的长度
```

（3）新增无线通信相关参数宏定义。为了增加代码的可读性,对网络 ID、信道 ID 和本机地址和发送地址进行宏定义。这里通信双方的网络 ID 和信道 ID 节点需保持一致。本机地址与网络节点的地址不能冲突,设置的发送地址是红外传感器节点地址(0x0003)。

```
/***** 点对点通信地址设置 ******/
#define RF_CHANNEL      20      // 频道 11~26
#define PAN_ID          0x1379  // 网络 ID
#define MY_ADDR         0x1234  // 本机模块地址
#define SEND_ADDR       0x0003  // 发送地址
```

（4）新增变量定义,定义 basicRfCfg_t 结构体变量 basicRfConfig。

```
static basicRfCfg_t basicRfConfig;
```

（5）新增 BasicRF 初始化函数,可以参考传感器节点代码。

（6）新增 main 函数。该函数首先完成初始化工作,包括模块相关资源初始化,BasicRF 初始化工作,然后进入主循环函数,首先通过 basicRfPacketIsReady 函数判断是否在无线信道上接收到数据,如果接收到无线数据,则通过 basicRfReceive 函数将数据保存到缓冲区中,同时将信息显示在上位机串口调试助手上,主函数代码如下所示,汇聚节点主函数流程如图 4-22 所示。

```
1   void main( void )
2   {
3       uint16 len = 0;
4       halBoardInit( );  // 模块相关资源的初始化
5       ConfigRf_Init( );  // 无线收发参数的配置初始化
6
7       while( 1 )
8       {
9           /* 接收到各个传感器节点采集数据,将数据显示在上位机串口调试助手 */
10          if( basicRfPacketIsReady( ))  // 查询有没收到无线信号
11          {
12              FlashLed( 2,100 );// 无线接收指示,LED2 亮 100ms
13              // 接收无线数据
14              len = basicRfReceive( pRxData, MAX_RECV_BUF_LEN, NULL );
15              // 将接收到的数据发送给串口调试助手
16              halUartWrite( pRxData,len );
```

```
17          }
18        }
19      }
```

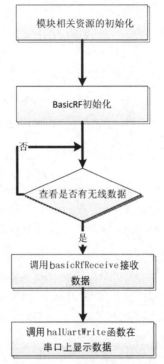

图 4-22　汇聚节点主函数流程图

① 第 10 行,通过 basicRfPacketIsReady 函数判断是否有数据,有数据才读取接收缓冲区的数据。

② 第 14 行,调用 basicRfReceive 函数将数据保存到接收缓冲区 pRxData 中。

③ 第 15 行,调用 halUartWrite 函数将数据发送到上位机串口调试助手。

3. 建立配置模块设备

操作步骤与建立温湿度传感器模块设备一样,需要将模块设备名称设置为"collect"。这里不用增加条件编译宏。

4. 模块编译、链接与下载程序

1)温湿度传感器模块

将温湿度传感器模块固定在 NEWLab 平台,在 Workspace 栏下选择"temp_sensor"模块,选择 collect.c 单击右键,选择"Options",在弹出的对话框中勾选"Exclude from build"复选框,然后单击"OK"按钮。重新编译程序无误后,给 NEWLab 平台上电,下载程序到温湿度传感器模块中。

2)光照传感器模块

将光照传感器模块固定在 NEWLab 平台,在 Workspace 栏下选择"light_sensor"模块,选择 collect.c 单击右键,选择"Options",在弹出的对话框中勾选"Exclude from build"复选框,然后单击"OK"按钮。重新编译程序无误后,给 NEWLab 平台上电,下载程序到光照传感器模块中。

3)红外传感器

将红外传感器模块固定在 NEWLab 平台,在 Workspace 栏下选择"ir_sensor"模块,选择 collect.c 单击右键,选择"Options",在弹出的对话框中勾选"Exclude from build"复选框,然后单击"OK"按钮。重新编译程序无误后,给 NEWLab 平台上电,下载程序到红外传感器模块中。

4)汇聚节点

在 Workspace 栏下选择"collect"模块,选择 sensor.c 单击右键,选择"Options",在弹出的对话框中勾选"Exclude from build"复选框,然后单击"OK"按钮。重新编译程序无误后,给汇聚节点通电,下载程序到汇聚节点中。

5. 运行程序

（1）如果 NEWLab 平台与计算机没有相连,关闭 NEWLab 电源,首先用串口线将 NEWLab 平台与计算机相连,并将 NEWLab 平台的通信模块开关打到"通信模式",然后给 NEWLab 平台供电。

（2）打开上位机串口调试助手软件,首先设置波特率为 115 200 bps,其他参数为默认配置,然后点击"打开串口"按钮,可以看到各个采集节点的数据,程序运行效果如图 4-23 所示。

（3）在汇聚节点接收到传感器采集数据后,该节点 LED2 亮 100 ms,将数据显示在串口调试助手信息输出区。

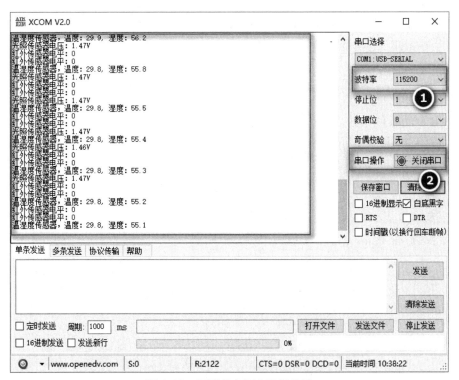

图 4-23　汇聚节点程序运行效果

4.3.7　任务 7:远程控制系统实现

【任务要求】

通过串口调试助手输入温度阈值,若采集的温度低于该阈值,自动点亮温湿度传感器节点 LED2;若高于阈值则熄灭 LED2,从而实现仓库区自动实现加热功能。

【任务实施】

1. 打开工程

打开 4.3.6 创建的工程。

2. 编写程序

(1)修改 collect.c 文件。在 main 函数增加上位机串口调试助手接收数据的代码。在 halBoardInit 函数中完成串口初始化功能,因此在汇聚节点只需要增加接收无线信道数据以及数据处理代码即可。首先增加一个串口接收的子函数 RecvUartData,实现串口接收处理,然后在 main 函数中调用该子函数尝试读取串口是否有数据,若串口数据接收到数据,通过无线方式发送到温湿度传感器节点。

MyByteCopy 函数的功能是实现字节拷贝,代码如下所示。

```
1    void MyByteCopy( uint8 *dst, int dststart, uint8 *src, int srcstart, int len )
2    {
3      int i;
4      for( i=0; i<len; i++ )
5      {
6        // 将源地址的数据复制到目的地址中
7        *( dst+dststart+i )=*( src+srcstart+i );
8      }
9    }
```

RecvUartData 函数的功能是实现接收串口缓冲区的数据,代码如下所示。

```
1    /***********************************************/
2    uint16 RecvUartData( void )
3    {
4      uint16 r_UartLen = 0;
5      uint8 r_UartBuf[128];
6      uRxlen=0;
7      r_UartLen = halUartRxLen( );
8      while( r_UartLen > 0 )
9      {
10       r_UartLen = halUartRead( r_UartBuf, sizeof( r_UartBuf ));
11       MyByteCopy( uRxData, uRxlen, r_UartBuf, 0, r_UartLen );
```

```
12      uRxlen += r_UartLen;
13      // 这里的延迟非常重要,因为串口连续读、取数的时候需要有一定的时间间隔
14      halMcuWaitMs( 5 );
15       r_UartLen = halUartRxLen( );
16     }
17     return uRxlen;
18   }
19
```

① 第 7~8 行,返回串口接收缓冲区中的字节数,缓冲区如果有数据才进行数据读取操作,否则,直接返回。

② 第 10 行,从串口缓冲区中读取数据,并返回接收的数据长度。

③ 第 11 行,调用 MyByteCopy 函数将数据复制到串口接收缓冲区 uRxData 中。

④ 第 13 行,调用 halMcuWaitMs 延迟 5 ms,这句代码非常重要,在串口连续读取数据的时候需要有一定的时间间隔。

⑤ 第 16 行,再次判断串口是否有数据,如果有数据则继续读取串口数据。

main 函数中的最终代码如下所示。

```
1    void main( void )
2    {
3      uint16 len = 0;
4      halBoardInit( ); // 模块相关资源的初始化
5      ConfigRf_Init( ); // 无线收发参数的配置初始化
6
7      while( 1 )
8      {
9        /* 接收到各个传感器节点采集数据,将数据显示在上位机串口调试助手 */
10       if( basicRfPacketIsReady( ) ) // 查询有没收到无线信号
11       {
12         FlashLed( 2,100 );// 无线接收指示,LED2 亮 100 ms
13         // 接收无线数据
14         len = basicRfReceive( pRxData, MAX_RECV_BUF_LEN, NULL );
15         // 把接收到的无线发送到串口
16         halUartWrite( pRxData,len );
17       }
18   /* 新增代码,接收串口的温度阈值数据,并转发到温湿度传感器节点上 */
```

```
19        len = RecvUartData( );   // 接收串口数据
20        if( len > 0 )
21        {
22            // 把串口数据通过 zigbee 发送出去
23            basicRfSendPacket( SEND_ADDR, uRxData, len );
24        }
25     }
26 }
27
```

其中 19~24 行是新增代码，主要的功能如下。

①第 19 行，调用 RecvUartData 接收串口数据，若有数据才会进入无线数据发送的处理。

②第 23 行，调用 basicRfSendPacket 函数把串口接收的温度阈值转发到温湿度传感器节点，其中目的地址是温湿度传感器模块，发送数据是 RecvUartData 函数中接收到的串口发送来的数据。

（2）修改温湿度传感器节点代码。在 sensor.c 文件中增加温度阈值变量定义。

```
uint16  g_TempThreshold = 0;
```

（3）在 sensor.c 文件 main 函数中增加功能代码。首先增加从无线接收温度阈值的代码，然后将采集的温度值和阈值进行比较，若当前温度低于阈值，则点亮温湿度传感器节点的 LED2 实现自动加热功能，若高于阈值，则熄灭 LED2 灯。添加到 main 主循环的代码如下所示。

```
1     void main( void )
2     {
3        uint16 sensor_val, sensor_tem;
4        uint16  len = 0;
5        halBoardInit( );  // 模块相关资源的初始化
6        ConfigRf_Init( );  // 无线收发参数的配置初始化
7
8        Timer4_Init( );  // 定时器初始化
9        Timer4_On( );  // 打开定时器
10
11    #if defined ( LIGHT_SENSOR )
12        HalAdcInit( );
13    #endif /*LIGHT_SENSOR*/
14        while( 1 )
```

```
15        {
16   /* 接收从无线来的温度阈值,并将阈值转换成数字保存在 g_TempThreshold 全局变
17   量中 */
18        if( basicRfPacketIsReady( )) // 查询有没有收到无线信号
19        {
20           // halLedToggle( 4 );  // 红灯取反,无线接收指示
21           // 接收无线数据
22           len = basicRfReceive( pRxData, MAX_RECV_BUF_LEN, NULL );
23           // 把从无线信道接收的数据输出到串口
24
25           g_TempThreshold = atoi( pRxData );
26        }
27        APP_SEND_DATA_FLAG = GetSendDataFlag( );
28        …
29   #if defined( TEMP_SENSOR ) // 温湿度传感器
30        call_sht11( &sensor_tem, &sensor_val );  // 取温湿度数据
31        // 把采集数据转化成字符串,以便于在串口上显示观察
32        printf_str( pTxData, " 温湿度传感器,温度:%d.%d, 湿度:%d.%d\r\n",
33              sensor_tem/10, sensor_tem%10, sensor_val/10, sensor_val%10 );
34        /* 温度和阈值比较,如果温度过低,点亮 LED2 ,否则熄灭 LED2 */
35        if(( sensor_tem/10 )< g_TempThreshold )
36        {
37           halLedSet( 2 );
38        }
39        else
40        {
41           halLedClear( 2 );
42        }
43        #ifdef BASICRF_DEBUG
44        // 把采集的数据转化成字符串,以便在串口上显示观察
45        uart_printf( pTxData );
46        #endif /*CC2530_DEBUG*/
47        #endif
```

```
48        …
49      }
50  /*【传感器采集、处理】结束 */
51      }
52  }
53
```

①第 18~26 行,新增代码,温湿度节点实现从汇聚节点接收温度阈值,并将阈值转换成数字保存在全局变量中。

②第 35~43 行,新增代码,实现当前温度阈值比较功能,若当前温度低于阈值,点亮LED2 灯模拟加热功能;否则,熄灭 LED2 模拟降温功能。

3. 编译、链接和下载程序

(1)将温湿度传感器模块固定在 NEWLab 平台,在 Workspace 中选择 "temprh_sensor"模块,重新编译程序无误后,用串口线将 NEWLab 平台与计算机相连,给 NEWLab 平台上电,下载程序到温湿度传感器采集节点的 ZigBee 模块中。

(2)在 Workspace 栏下选择 "collect" 模块,重新编译程序无误后,下载程序到汇聚节点中。

4. 运行程序

(1)将 NEWLab 平台的通信模块开关打到 "通信模式"。

(2)打开上位机串口调试助手软件,首先设置波特率为 115 200,其他参数为默认配置,然后点击 "打开串口" 按钮,在串口调试软件接收信息窗口可以看到采集的温湿度值。

(3)通过串口调试助手发送温度阈值,在发送信息窗口输入阈值,然后点击 "发送" 按钮,如图 4-24 中①和②所示。当设置的阈值低于当前采集的温度时,点亮 LED2,否则,熄灭LED2。在温湿度节点可以观察到 LED2 灯点亮,运行效果如图 4-25 所示。

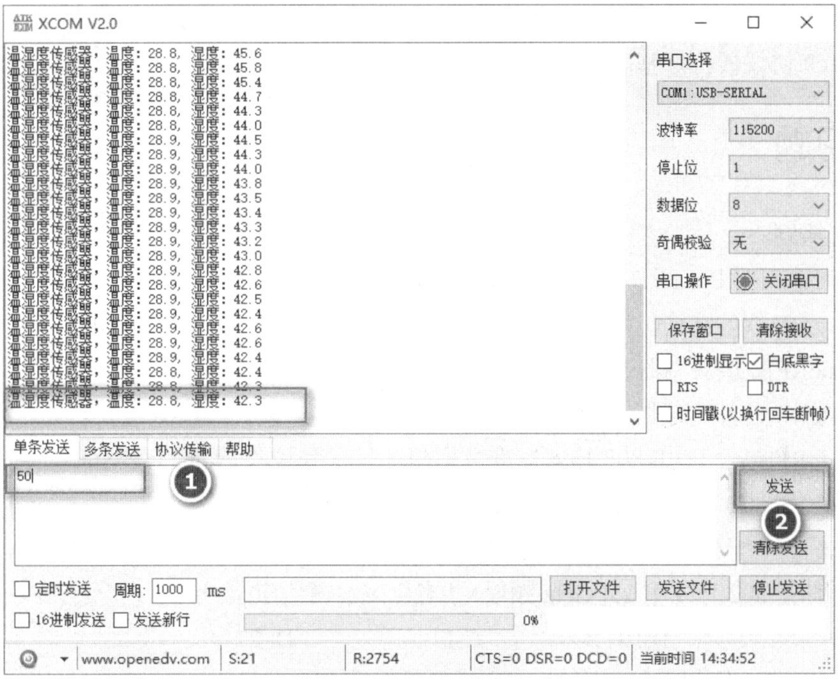

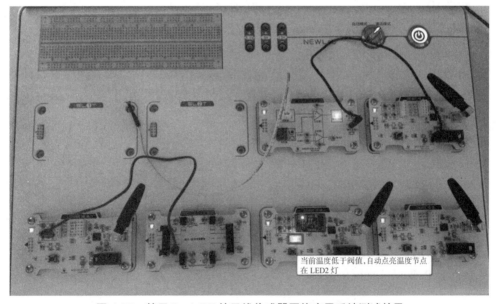

图 4-24 阈值设置

图 4-25 基于 BasicRF 的无线传感器网络应用系统测试效果

4.4 本章总结

本章通过"智慧工厂"项目的分任务实施,逐步讲解 BasicRF 技术的基本知识和 Basi-cRF 无线通信技术的基本应用。通过本章的学习,可以更好地掌握和理解 BasicRF 的模拟量、开关量无线通信应用以及在一个项目中建立多个设备的配置方法和编程技巧，为进一步学习 Z-Stack 协议栈打好基础。

4.5　习题

一、选择题

1. 下列选项对 BasicRF 描述正确的是（　　　）。

A.BasicRF 软件结构包括硬件层、硬件抽象层、基本无线传输层和应用层

B.BasicRF 提供协调器、路由器、终端等多种网络设备

C.BasicRF 具备"多跳""设备扫描"功能

D.BasicRF 包含 IEEE 802.15.4 标准数据包的发送和接收，等同于 Z-Stack 协议栈

2. 在 IEEE 802.15.4 中共规定了（　　　）个信道。

A.16　　　　　　　B.10　　　　　　　C.1　　　　　　　D. 27

3. 在 IEEE 802.15.4 中 2.4 GHz 频段，共有（　　　）个信道。

A.16　　　　　　　B.10　　　　　　　C.1　　　　　　　D. 27

4. basicRfCfg_t 数据结构中的 panId 成员是（　　　）。

A. 发送模块地址　　　　　　　　B. 接收模块地址

C. 网络 ID　　　　　　　　　　　D. 通信信道

5. basicRfCfg_t 数据结构中的 channel 成员是（　　　）。

A. 发送模块地址　　　　　　　　B. 接收模块地址

C. 网络 ID　　　　　　　　　　　D. 通信信道

6. 在 basicRf 调用 basicRfSendPacket 函数无线发送数据时，第一个参数 destAddr 存放的是（　　　）。

A. 本机地址　　　　　　　　　　B. 发送地址

C. 发送数据　　　　　　　　　　D. 接收数据

7. 在 basicRf 调用 basicRfReceive 函数无线接收数据时，第一个参数 pRxData 存放的是（　　　）。

A. 本机地址　　　　　　　　　　B. 发送地址

C. 接收缓冲区　　　　　　　　　D. 发送缓冲区

8. basicRfPacketIsReady 函数的功能是（　　　）。

A. 将数据发送到目的地址的节点

B. 检查用户层是否接收到数据

C. 从 BasicRF 层接收数据

D. 打开数据接收器

9. 要使 LIGHT_SENSOR 条件编译有效，正确的是（　　　）。

A. 在"Preprocessor"选项中的 Defined symbols 中输入"LIGHT_SENSOR"。

B. 选择菜单栏中的【Project】→【Edit Configurations...】选项并增加 "LIGHT_SENSOR"

C. 选择 "Preprocessor" 选项卡, 并在 "Additional include directories:(one per line)" 中输入头文件的路径 "LIGHT_SENSOR"

D. Debugger 配置。选中 "Step" 选项卡, 在 "Driver" 栏内选择 "LIGHT_SENSOR"

10. 关于发送函数 uint8basicRfSendPacket(uint16 destAddr, uint8* pPayload, uint8 length)说法不正确的是(　　)。

A. destAddr 发送模块短地址

B. pPayload 指向发送缓冲区的指针

C. length 发送数据长度

D. 发送成功则返回 SUCCESS, 失败则返回 FAILED

二、编程题

1. 在智慧工厂的项目的 IAR 工程基础之上, 增加气体传感器模块代码, 运行后观察上位机串口调试窗口显示的数据。

2. 各个传感器的采集数据通过字符串发送, 这样不利于汇聚节点和上位机提取传感器采集数据, 在智慧工厂的项目 IAR 工程基础之上, 通过自定义协议实现传感器节点和汇聚节点之间的通信。

第 5 章　ZigBee 无线传感器网络数据通信

本章主要介绍 Z-Stack 无线通信应用技术及其应用开发,首先介绍 ZigBee 协议基础知识,然后介绍 Z-Stack 协议栈工作原理,最后以"智能灯光控制系统"为案例将 Z-Stack 协议栈的知识点和技能点融入任务之中。项目包含三个任务,分别为办公区灯光自动控制系统、灯光远程控制系统和温湿度数据采集与控制系统。通过项目逐层分解方式实现红外和温湿度传感器数据采集以及远程控制灯光。通过本章的学习,让读者更深入地理解 Z-Stack 协议栈。

知识目标

- 了解 ZigBee 协议基本概念。
- 掌握 Z-Stack 协议栈结构。
- 理解协调器、路由器、终端节点等基本概念。
- 掌握操作系统抽象层(Operating System Abstraction Layer,OSAL)启动和调度管理。
- 掌握单播、广播和组播基本概念。
- 掌握 Z-Stack 协议栈的 LED 和按键驱动函数的工作原理。
- 掌握 Z-Stack 协议栈的串口接口函数。

技能目标

- 能够熟练添加新事件、新任务并能够正常被调度。
- 能实现模拟量、数据量和逻辑量传感器的信号周期性数据采集功能。
- 能够实现基于 Z-Stack 协议栈的点对点、点对多点通信方式。
- 能实现基于 Z-Stack 的无线采集与网络组建功能。
- 能够实现基于 Z-Stack 串口通信。

5.1　ZigBee 概述

ZigBee 协议是一种标准,该标准定义了短距离、低速率传输速率无线通信所需要的一系列通信协议。基于 ZigBee 的无线网络所使用的工作频段为 868 MHz、915 MHz 和 2.4 GHz,最大数据传输速率为 250 Kbps。

5.1.1　ZigBee 协议

Zigbee 技术是一种应用于短距离和低速率下的无线通信技术,主要用于距离短、功耗低且传输速率不高的各种电子设备之间进行数据传输以及典型的有周期性数据、间歇性数据和低反应时间数据传输的应用。ZigBee 是一种无线连接,可工作在 2.4 GHz(全球流行)、868 MHz(欧洲流行)和 915 MHz(美国)3 个频段上,分别具有最高 250 Kbps、20 Kbps 和 40 Kbps 的传输速率,它的传输距离在 10~75 m 的范围内,但可以继续增加。作为一种无线通信技术,ZigBee 具有如下特点。

(1)低功耗:由于 ZigBee 的传输速率低,发射功率仅为 1 mW,而且采用了休眠模式,功耗低,因此 ZigBee 设备非常省电。

(2)成本低:ZigBee 模块的初始成本在 6 美元左右,估计很快就能降到 1.5~2.5 美元,并且 ZigBee 协议是免专利费的。低成本对于 ZigBee 也是一个关键的有利因素。

(3)时延短:通信时延和从休眠状态激活的时延都非常短,典型的搜索设备时延是 30 ms,休眠激活的时延是 15 ms,活动设备信道接入的时延是 15 ms。因此 ZigBee 技术适用于对时延要求苛刻的无线控制(如工业控制场合等)应用。

(4)网络容量大:一个星形结构的 ZigBee 网络最多可以容纳 254 个从设备和一个主设备, 一个区域内可以同时存在最多 100 个 ZigBee 网络,而且网络组成灵活。

(5)可靠:采取了碰撞避免策略,同时为需要固定带宽的通信业务预留了专用时隙,避开了发送数据的竞争和冲突。MAC 层采用了完全确认的数据传输模式,每个发送的数据包都必须等待接收方的确认信息。如果传输过程中出现问题可以进行重发。

(6)安全:ZigBee 提供了基于循环冗余校验(Cyclic Redundancy Check, CRC)的数据包完整性检查功能,支持鉴权和认证,采用了 AES-128 的加密算法,各个应用可以灵活确定其安全属性。

5.1.2　ZigBee 协议基础概念

1. 网络标识符

网络标识符(Personal Area Network ID, PANID),一个网络只有一个 PAN ID,主要用于区分不同的网络,从而允许同一地区可以同时存在多个不同 PAN ID 的 ZigBee 网络。

2. 信道

ZigBee 采用的是免执照的工业科学医疗(ISM)频段,所以 ZigBee 使用了 3 个频段,分别为:868 MHz(欧洲)、915 MHz(美国)、2.4 GHz(全球)。

因此,ZigBee 共定义了 27 个物理信道。其中,868 MHz 频段定义了一个信道;915 MHz 频段附近定义了 10 个信道,信道间隔为 2 MHz;2.4 GHz 频段定义了 16 个信道,信道间隔为 5 MHz。

注意:ZigBee 工作在 2.4 GHz 频段时,与其他通信协议的信道有冲突:15, 20, 25, 26 信道与 Wi-Fi 信道冲突较小;蓝牙基本不会冲突;无绳电话尽量不与 ZigBee 同时使用。

3. 设备类型

在 ZigBee 网络中存在 3 种逻辑设备类型：Coordinator（协调器），Router（路由器）和 End-Device（终端设备）。ZigBee 网络由一个 Coordinator 以及多个 Router 和多个 End_Device 组成。

1）Coordinator（协调器）

协调器负责启动整个网络。它也是网络的第一个设备。协调器选择一个信道和一个 PAN ID，随后启动整个网络。协调器也可以用来协助建立网络中安全层和应用层的绑定（bindings）。协调器的角色主要涉及网络的启动和配置。一旦这些都完成后，协调器的工作就像一个路由器。

2）Router（路由器）

路由器的功能主要是：允许其他设备加入网络，作为数据跳转、协助子终端设备通信。通常希望路由器一直处于活动状态，因此它必须使用主电源供电。但是当使用树状网络拓扑结构时，允许路由间隔一定的周期操作一次，这样就可以使用电池给其供电。

3）End-Device（终端设备）

终端设备没有特定的维持网络结构的责任，它可以睡眠或者唤醒，因此它可以是一个电池供电设备。通常，终端设备对存储空间（特别是 RAM）的需要比较小。

4. 拓扑结构

ZigBee 网络拓扑结构有三种：支持星形结构（Star）、树状结构（Cluster tree）和网状结构（Mesh）三种网络拓扑结构。

（1）星形网络为主从结构，由一个协调器和多个路由器或者终端设备组成，只存在协调器与路由或终端的通信，路由或终端设备间的通信都需要经过协调器的转发。其拓扑结构如图 5-1 所示。

（2）树状网络可以看成是扩展的单个星形网或者相当于互联的多个星形网络，由一个协调器和一个或多个星状结构连接而成，设备除了能与自己的父节点或子节点进行点对点直接通信外，其他只能通过树状路由完成消息传输。其拓扑结构如图 5-2 所示。

（3）网状网络是在树状网络基础上实现的，与树状网络不同的是，它允许网络中所有具有路由功能的节点直接互联，由路由器中的路由表实现消息的网状路由。该拓扑的优点是减少了消息延时，增强了可靠性，缺点是需要更多的存储空间开销。其拓扑结构如图 5-3 所示。

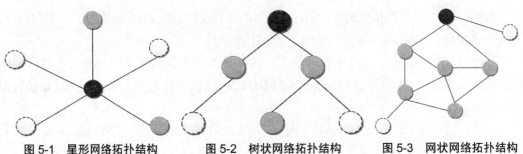

图 5-1　星形网络拓扑结构　　　图 5-2　树状网络拓扑结构　　　图 5-3　网状网络拓扑结构

5.Zigbee 设备的地址类型

ZigBee 设备有两种网络地址：1 个是 64 位的 IEEE 地址，通常也叫作 MAC 地址或者扩展地址（Extended Address），另一个是 16 位的网络地址，也叫作逻辑地址（Logical Address）或者短地址。64 位长地址是全球唯一的地址，并且终身分配给设备。这个地址可由制造商设定或者在安装的时候设置，是由 IEEE 来提供的。设备加入 ZigBee 网络被分配一个短地址，在其所在的网络中是唯一的，这个地址主要用来在网络中辨识设备、传递信息等。

5.2　Z-Stack 简介

2007 年 4 月，TI 公司推出业界领先的 ZigBee 协议栈（Z-Stack）。Z-Stack 符合 ZigBee2006 规范，支持多种平台，包括基于 CC2420 收发器以及 TI MSP430 超低功耗单片机的平台、CC2530 SOC 平台等。Z-Stack 是一种半开源式的协议栈，历经多年发展，功能不断完善，包含了网状网络拓扑的几近全部功能，在竞争激烈的 ZigBee 领域占有很重要的地位。

5.2.1　Z-Stack 协议栈结构

Z-Stack 协议栈由物理层（Physical Layer，PHY）、介质访问控制层（MAC）、网络层（Network Layer，NWK）和应用层（APL）组成，如图 5-4 所示。PHY、MAC 层位于最低层，且与硬件相关；NWK、APL 层是建立在 PHY 和 MAC 层之上，并且完全与硬件无关的。其中，IEEE 802.15.4 定义了 PHY 层和 MAC 层的技术规范；ZigBee 联盟定义了 NWK 层、APL 层的技术规范。ZigBee 协议栈就是将各个层定义的协议都集合在一起，以函数的形式实现，并供给用户提供 API（应用层），用户可以直接调用。

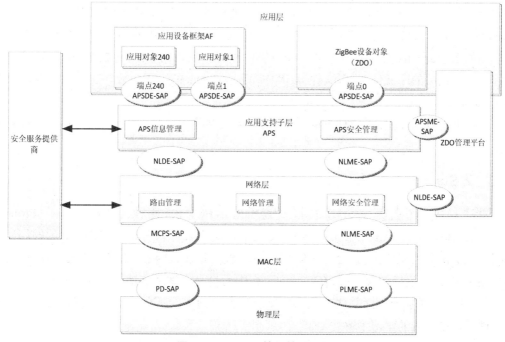

图 5-4　Z-Stack 协议栈的结构

1）物理层（PHY）

物理层定义了物理无线信道和 MAC 层之间的接口，提供物理层数据服务和物理层管理服务，物理层内容：

2）介质访问控制层（MAC）

MAC 层负责处理所有的物理无线信道访问，并产生网络信号、同步信号；支持 PAN 连接和分离，提供两个对等 MAC 实体之间可靠的链路。

3）网络层（NWK）

Z-Stack 的核心部分在网络层。网络层主要实现节点加入或离开网络、接收或抛弃其他节点、路由查找及传送数据等功能。

4）应用层（APL）

Z-Stack 应用层框架包括应用支持子层、ZigBee 设备对象和应用对象。

（1）应用支持层的功能包括：维持绑定表、在绑定的设备之间传送消息。

（2）ZigBee 设备对象的功能包括：定义设备在网络中的角色（如 ZigBee 协调器和终端设备），发起和响应绑定请求，在网络设备之间建立安全机制。ZigBee 设备对象还负责发现网络中的设备，并且决定向他们提供何种应用服务。

ZigBee 应用层除了提供一些必要函数以及为网络层提供合适的服务接口外，一个重要的功能是应用者可在这层定义自己的应用对象。

5.2.2　Z-Stack 安装

Z-Stack 协议栈由 TI 公司开发，符合最新的 ZigBee2007 规范，它支持多平台，其中就包括 CC2530 芯片。Z-Stack 的安装包为 ZStack-CC2530-2.5.1a.exe（位于资源包“06 协议栈\02ZStack 协议栈\ZStack-CC2530-2.5.1a.exe”），双击之后直接安装，默认安装完成后生成在 C 盘根目录下。文件夹内包括协议栈中各层部分源程序（有一些源程序被以库的形式封装起来了），Documents 文件夹内包含一些与协议栈相关的帮助和学习文档，Projects 文件夹包含与工程相关的库文件、配置文件等，其中基于 Z-Stack 的工程应放在文件夹“\Projects\zstack\Samples”下。

用户也可登录 TI 公司的官方网站下载，然后安装使用。另外，Z-Stack 需要在 IAR 上运行。

5.2.3　Z-Stack 目录结构

通过 IAR 软件打开 Z-Stack 协议栈提供的示例工程（路径为“安装目录\Projects\zstack\Samples\SampleApp\CC2530DB\SampleApp.eww”），可以看到如图 5-5 所示的层次结构图。先不深入目录之下，而是先了解每个目录放的是什么内容，知道各个文件夹的功能，分布在 ZigBee 协议栈的哪一层，在以后的工作中无论是查询某些功能函数还是修改某些功能函数，甚至是添加或删除某些功能函数就能顺利找到文件所在位置，方便对 Z-Stack 协议栈软件进行更深入的学习了解。

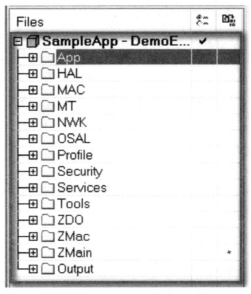

图 5-5 工程目录结构

应用中较多的是 HAL 层(硬件抽象层)和 APP 层(用户应用层),前者要针对具体的硬件进行修改,后者要添加具体的应用程序。而 OSAL 层是 Z-Stack 专有的系统层,实际上是一个简单的操作系统,通过它可以方便地对各层任务进行管理和调度,理解它的工作原理对开发是很重要的,下面对 Z-Stack 协议栈的文件夹进行介绍。

(1)APP(Application Programming):应用层目录,这是用户创建各种不同工程的区域,在这个目录中包含了应用层的内容和这个项目的主要内容,在协议栈里面一般是以操作系统的任务实现的。

(2)HAL:硬件层目录,包含有与硬件相关的配置、驱动及操作函数。

(3)MAC:MAC 层目录,包含了 MAC 层的参数配置文件及其 MAC 层的 LIB 库的函数接口文件。

(4)MT(Monitor Test):实现通过串口可控各层,与各层进行直接交互,同时可以将各层的数据通过串口连接到上位机,以方便开发人员调试。

(5)NWK:网络层目录,包含网络层配置参数文件及网络层的函数接口文件。

(6)OSAL:协议栈的操作系统。

(7)Profile:应用构架(Application Frame work,AF)层目录,包含 AF 层处理函数件。Z-Stack 的 AF 层提供了开发人员建立一个设备描述所需的数据结构和辅助功能,是输入信息的终端多路复用器。

(8)Security:安全层目录,包含安全层处理函数,如加密函数等。

(9)Services:地址处理函数目录,包括地址模式的定义及地址处理函数。

(10)Tools:工程配置目录,包括空间划分及 Z-Stack 相关配置信息。

(11)ZDO:ZDO 提供了管理一个 ZigBee 设备的功能,ZDO 层的 API 为应用程序的终端提供了管理 ZigBee 协调器、路由器或终端设备的接口,包括创建、查找和加入一个 ZigBee

网络,绑定应用程序终端以及安全管理。

（12）ZMac：MAC 层目录,包括 MAC 层参数配置及 MAC 层 LIB 库函数回调处理函数。

（13）ZMain：主函数目录,包括入口函数及硬件配置文件。

（14）Output：输出文件目录,这是集成开发环境自动生成的。在 Z-Stack 协议栈中各层次具有一定的关系。

5.2.4　设备的选择

ZigBee 无线通信中一般含有三种节点类型,分别是协调器、路由节点和终端节点。打开 Z-stack 协议栈官方提供的任务例子工程,可以在 IAR 开发环境下的 Workspace 下拉列表中选择设备类型,能够选择设备类型为协调器、路由器或终端节点,如图 5-6 所示。

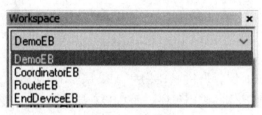

图 5-6　设备选择

对于一个特定的工程,编译选项存在于两个地方,一些很少需要改动的编译选项存在于连接控制文件中,每一种设备类型对应一种连接控制文件,当选择了相应的设备类型后,会自动选择相应的配置文件,例如,选择了设备类型为终端节点后,f8wEndev.cfg 和 f8w2530x-cl、f8wConfig.cfg 配置文件被自动选择,如图 5-7 所示;选择了设备类型为协调器,则工程会自动选择 f8wcoord.cfg 和 f8w2530xcl、f8wConfig.cfg 配置文件,如图 5-8 所示;选择了设备类型为路由器后, f8wRouter.cfg 和 f8w2530xcl、f8wConfig. cfg 配置文件被自动选择,如图 5-9 所示。

图 5-7　终端节点　　　　　　图 5-8　协调器　　　　　　图 5-9　路由器

在 Z-stack 协议栈的例程开发时,有时需要自定义添加一些宏定义来使能或禁用某些功能,这些宏定义的选项在 IAR 的工程文件中,下面进行简要介绍。

在 IAR 工程中选择 "Project Options/C/C+ Complier" 中的 "Processor" 标签。在 "Defined symbols" 输入框中就是宏定义的编译选项,若想在这个配置中增加一个编译选项,只需将相应的编译选项添加到列表框中即可;若想禁用一个编译选项,只需在为相应编译选项的前面增加一个 x。很多编译选项都作为开关量使用,用来选择源程序中的特定程序段,也可定义数字量,如可添加 DEFAULT_CHANLIST 即相应数值来覆盖默认设置(DEFAULT_ CHAN-LIST 在 Tools 目录下的 f8wConfig.cfg 文件中配置,默认选择信道 11)。

5.2.5　OSAL 基本概念

整个 Z-Stack 采用分层的软件结构,协议分层的目的是使各层相对独立,每一层都提供一些服务,服务由协议定义,程序员只需关心与他的工作直接相关的那些层的协议,它们向高层提供服务,并由底层提供服务。

(1)HAL 提供各种硬件模块的驱动,包括定时器 Timer,通用 I/O 端口(General-Purpose Input/Output, GPIO),通用异步收发传输器 UART,模数转换 ADC 的应用程序接口 API,提供各种服务的扩展集。

(2)OSAL 实现了一个易用的操作系统平台,通过时间片轮转函数实现任务调度,提供多任务处理机制。用户可以调用 OSAL 提供的相关 API 进行多任务编程,将自己的应用程序作为一个独立的任务来实现。

Z-Stack 协议栈将底层、网络层等复杂部分屏蔽掉,以 API 的方式提供。

(1)资源:任何任务所占用的实体都可以称为资源,如一个变量、数组、结构体等。

(2)共享资源(Shared Resource):至少可以被两个任务使用的资源称为共享资源,为了防止共享资源被破坏,每个任务在操作共享资源时,必须保证是独占该资源。

(3)任务(Task):任务又称线程,是一个简单程序的执行过程。在任务设计时,需要将问题尽可能地分为多个任务,每个任务独立完成某种功能,同时被赋予一定的优先级,拥有自己的 CPU 寄存器和堆栈空间。一般将任务设计为一个无限循环。

(4)多任务运行(Muti-task Running):CPU 采用任务调度的方法运行多个任务,例如:有 10 个任务需要运行,每隔 10 ms 运行一个任务,由于每个任务运行的时间很短,任务切换很频繁,这就造成了多任务同时运行的"假象"。实际上,一个时间点只有一个任务在运行。

(5)内核(Kernel):在多任务系统中,内核负责为每个任务分配 CPU 时间、任务调度、任务间的通信等。使用内核可以大大简化应用系统的程序设计,可以将应用程序分为若干个任务,通过内核提供的任务切换功能实现程序功能。

(6)互斥(Mutual Exclusion):多任务间通信的最简单方法是使用共享数据结构,对于单片机系统来说,所有任务都在单一的地址空间下,使用的共享数据结构为全局变量、指针、缓冲区等。虽然共享数据结构的方法简单,但是必须保证对共享数据结构的写操作具有唯一性,以此来避免晶振和数据不同步。保护共享资源最常用的方法是:关中断、使用测试并置位指令(T&S 指令)、禁止任务切换和使用信号量。其中,在 ZigBee 协议栈操作系统中,经常使用的方法是关中断。

(7)事件(Events):事件是驱动任务执行某些操作的条件,当系统中产生了一个事件时,OSAL 将这个事件传递给相应的任务,任务才能执行一个相应的操作。

(8)消息(Message):当某些事件发生时,又伴随着一些附加信息的产生。

（9）消息队列（Message Queue）：消息队列用于任务间传递消息。通过内核提供的服务、任务或者中断服务程序将一条消息放入消息队列中,其他任务使用内核提供的服务从消息队列中获取属于自己的消息。

5.2.6　OSAL 启动与调度管理

为了方便任务管理,Z-Stack 协议定义了 OSAL,OSAL 完全构建在应用层上,主要是采用了轮询的概念,并且引入了优先级,它的主要作用是隔离 Z-Stack 协议和特定硬件系统,用户无须过多了解具体平台的底层,就可以利用操作系统抽象层提供的丰富工具实现各种功能,包括任务注册、初始化和启动、同步任务、多任务间的消息传递、中断处理、定时器控制、内存管理等,如图 5-10 所示。

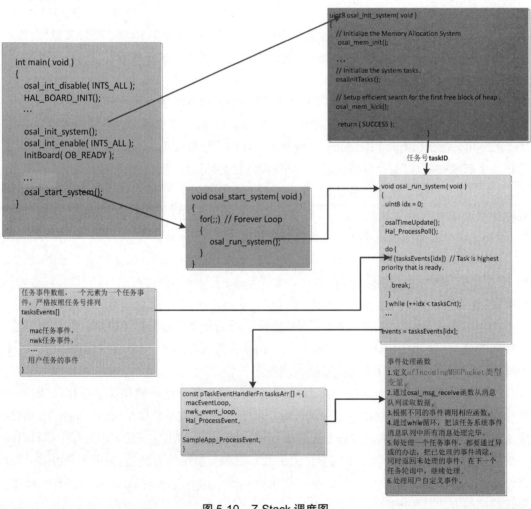

图 5-10　Z-Stack 调度图

Z-Stack 协议栈用操作系统的思想来构建,采用事件轮询机制。在各层初始化之后,系统进入低功耗模式,当事件发生时,唤醒系统,开始进入中断处理事件,结束后继续进入低功耗模式。如果同时有几个事件发生,则通过优先级进行判断,逐个处理事件。这种软件构架可以极大地降低系统的功耗。

整个 Z-Stack 的主要工作流程大致分为系统启动、驱动初始化、OSAL 初始化和启动、进入任务轮询几个阶段,下面将逐一详细分析。

1. Z-Stack 协议栈启动

在 IAR 工程的 ZMain 目录下有一个 ZMain.c 文件,该文件中的 main 函数就是整个协议栈的入口点。Z-Stack 协议栈是一个基于轮转查询式的操作系统,它的入口主函数 main 函数(位于 ZMain 目录的 Zmain.c 文件中),总体上来说,启动阶段主要做了两件事情,一个是系统初始化,即由启动代码来初始化硬件系统和软件构架系统初始化需要的各个模块;另外一个就是启动操作系统实体。

系统启动代码需要完成初始化硬件平台和软件架构所需要的各个模块,为操作系统的运行做好准备工作,主要分为初始化系统时钟、检测芯片工作电压、初始化堆栈、初始化各个硬件模块、初始化 Flash 存储、形成芯片 MAC 地址、初始化非易失变量、初始化 MAC 层协议、初始化应用帧层协议、初始化操作系统等多个部分,其具体流程图和对应的函数如图 5-11 所示。

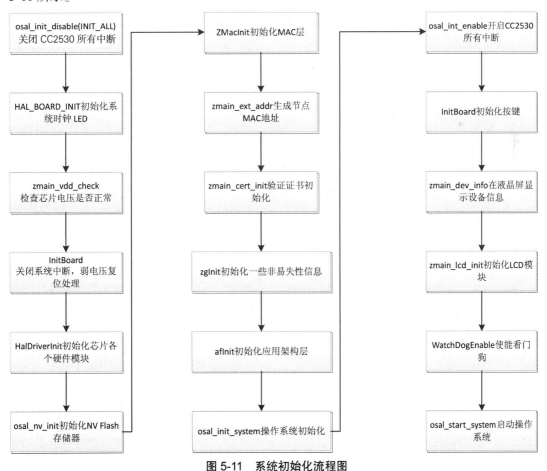

图 5-11　系统初始化流程图

main 函数的原型如下。

```
int main( void )
{
  // 关闭 CC2530 所有的中断
  osal_int_disable( INTS_ALL );

  // 硬件相关初始化,如系统时钟、LED 等
  HAL_BOARD_INIT( );

  // 检查芯片是否正常,确保电源电压比正常运行的电压高
  zmain_vdd_check( );

  // 关闭系统中断,弱电压复位处理
  InitBoard( OB_COLD );

  // 初始化硬件抽象层驱动,如 Timer、Adc、Dma、Flash、Leds、Uart、Key、Spi 和 // Lcd 等
  HalDriverInit( );

  // 初始化 NV flash 存储器系统
  osal_nv_init( NULL );

  // 初始化 MAC 层
  ZMacInit( );

  // 节点 MAC 地址生成,决定起始的扩展 IEEE 地址
  zmain_ext_addr( );

#if defined ZCL_KEY_ESTABLISH
  // 初始化验证证书
  zmain_cert_init( );
#endif

  // 初始化一些未易失性信息
  zgInit( );
```

```
// 如果无网络层,则调用 afInit( )对无线射频部分进行初始化
#ifndef NONWK
  afInit( ); // 初始化应用层架构层
#endif

  // 初始化操作系统
  osal_init_system( );

  // 开启 CC2530 所有中断
  osal_int_enable( INTS_ALL );

  // 进行板硬件的最后初始化,如键盘、摇杆等的初始化
  InitBoard( OB_READY );

  // 在液晶屏显示设备信息
  zmain_dev_info( );

// 如果使用 LCD,则调用用于 LCD 硬件的初始化
#ifdef LCD_SUPPORTED
  zmain_lcd_init( );
#endif

// 如果使用了看门狗,则将看门狗使能
#ifdef WDT_IN_PM1
  WatchDogEnable( WDTIMX );
#endif

  osal_start_system( ); // 启动操作系统,该函数一旦执行,不再返回到 main 函数

  return 0; // 正常情况不会运行到这里
}
```

　　main 函数中调用了很多初始化函数,这个函数中最主要实现的两个功能,一个是初始化任务,并且将任务加入任务队列中。二是在完成各类初始化以后,进入操作系统的死循环中,对各个任务进行调度。因此这里重点讲解 osal_init_system 和 osal_start_system 启动操作系统函数。

1）初始化操作系统

在 osal_init_system 函数中初始化了 Z-Stack 系统的核心功能,包括系统内存初始化、消息队列初始化、定时器初始化、电源管理初始化、系统任务初始化和内存释放等功能。而对于开发人员来讲,最重要的是理解系统任务初始化函数 osalInitTasks,展开该函数就可以发现该函数初始化各个系统任务,并为每个任务赋予任务标识符 ID。

```
uint8 osal_init_system( void )
{
  // 系统内存初始化
  osal_mem_init( );

  // 消息队列初始化
  osal_qHead = NULL;

  // 定时器初始化
  osalTimerInit( );

  // 电源管理初始化
  osal_pwrmgr_init( );

  // 系统任务初始化
  osalInitTasks( );

  // 内存释放
  osal_mem_kick( );

  return( SUCCESS );
}
```

2）系统任务初始化

通过将上述各层任务的初始化函数展开之后,可以发现 mac_TaskInit、nwk_init、APS_Init 任务初始化函数源码封装成库,读者无法查看其中的源代码。展开其他的 Hal_Init、MT_TaskInit 等任务初始化函数之后就可以查看这些任务初始化源代码。osalInitTasks 函数的主要作用就是对各层任务信息进行注册、分配每一层任务 ID,并调用 osal_set_event 函数将各任务的事件添加到任务事件数组 tasksEvents[] 中。

```
void osalInitTasks( void )
{
  uint8 taskID = 0;

  tasksEvents =( uint16 * )osal_mem_alloc( sizeof( uint16 )* tasksCnt );
  osal_memset( tasksEvents, 0, ( sizeof( uint16 )* tasksCnt ));

  macTaskInit( taskID++ );  //MAC 层初始化函数
  nwk_init( taskID++ );     // 网络层初始化函数
  Hal_Init( taskID++ );     // 硬件抽象层初始化函数
#if defined( MT_TASK )
  MT_TaskInit( taskID++ );
#endif
  APS_Init( taskID++ );     // 应用支持层初始化函数
#if defined( ZIGBEE_FRAGMENTATION )
  APSF_Init( taskID++ );
#endif
  ZDApp_Init( taskID++ );   // 设备对象层任务初始化函数
#if defined( ZIGBEE_FREQ_AGILITY )||defined( ZIGBEE_PANID_CONFLICT )
  ZDNwkMgr_Init( taskID++ );
#endif
  SampleApp_Init( taskID ); // 自定义任务初始化函数
}
```

注意：每一层 taskID 值会随着编译选项的不同而不同。

2. 调度管理

系统初始化为操作系统的运行做好准备工作以后，就开始执行操作系统入口程序，并将控制权交给操作系统。其实，启动操作系统实体就是调用 osal_start_system 一行代码。该函数没有返回结果，该函数其实就是一个死循环，不停调用 osal_run_system 进行具体处理。这个函数就是轮转查询式操作系统的各个任务，不断地查询每个任务是否有事件发生，如果发生，执行相应的事件处理函数，如果没有发生，就查询下一个任务。

```
#if !  defined（ ZBIT ）&& !  defined（ UBIT ）
 for（ ; ; ) // Forever Loop
#endif
 {
   osal_run_system（ );
 }
```

我们跟踪 osal_run_system 函数可以发现,该函数的主要作用是先对任务事件数组进行遍历,遍历过程从优先级别高的任务开始遍历,在遍历过程中会判断该任务是否有未执行完的事件,如果该任务有未执行完的事件,则跳出 while 循环,然后调用对应的事件处理函数,进入该任务的事件处理函数。如果在遍历中该任务已经执行完毕即没有事件,则继续循环检查下一个任务。在系统中所有的任务都执行结束后,系统就会自动进入睡眠模式以节约资源。

```
void osal_run_system（ void )
 {
 uint8 idx = 0;

 osalTimeUpdate（ );
 Hal_ProcessPoll（ );

 do
 {
 // 通过循环查看事件表的方式,判断某一任务是否有事发生,若某个任务有事件待
// 处理,则跳出 while 循环
 if（ tasksEvents[idx] )
   {
    break;
   }
 } while（ ++idx < tasksCnt );
 // 有任务有事件处理
 if（ idx < tasksCnt )
 {
  uint16 events;
  halIntState_t intState;
   // 进入中断临界:保存先前中断状态,然后关中断
 HAL_ENTER_CRITICAL_SECTION（ intState );
```

```
    events = tasksEvents[idx]; // 读取事件
tasksEvents[idx] = 0；// 清除任务事件
// 退出中断临界状态：恢复保存的中断状态
    HAL_EXIT_CRITICAL_SECTION( intState );

activeTaskID = idx；
// 调用相对应的任务事件处理函数
    events =（ tasksArr[idx] )（ idx，events );
    activeTaskID = TASK_NO_TASK；

HAL_ENTER_CRITICAL_SECTION( intState );
// 将任务事件处理函数返回的事件添加到当前任务中再进行处理
tasksEvents[idx] |= events;
HAL_EXIT_CRITICAL_SECTION( intState );
    }
#if defined( POWER_SAVING )

  else  // Complete pass through all task events with no activity?
  {
    osal_pwrmgr_powerconserve( ); // Put the processor/system into sleep
  }
#endif

  /* Yield in case cooperative scheduling is being used. */
#if defined( configUSE_PREEMPTION )&&（ configUSE_PREEMPTION == 0 )
  {
    osal_task_yield( );
  }
#endif
  }
```

在 osal_run_system 函数中，使用到 tasksEvents、tasksArr 这两个结构体变量，要深入理解 Z-Stack 协议栈中 OSAL 的调度管理，需要理解任务标识符 taskID、任务事件数组 tasksEvents、任务事件回调处理函数 tasksArr 数组之间的关系。上述代码的关键在于 events =（ tasksArr[idx])（ idx，events)这一句。存储在 taskArr 这个函数指针数组中，该数组的顺序必须和 osalInitTasks 函数的初始化序列相同，这样才能准确对应任务和任务事件处理函数，定义如下所示。

```
const pTasksEventsHandlerFn tasksArr[] =
{
macEventLoop,        //MAC 任务事件函数
  nwk_event_loop,    // 网络层任务事件函数
  Hal_ProcessEvent, // 硬件层任务事件函数
#if defined（MT_TASK ）
  MT_ProcessEvent,    // 串口支持层任务事件函数
#endif
  APS_event_loop,     // 应用支持层任务事件函数
#if defined（ZIGBEE_FRAGMENTATION ）
  APSF_ProcessEvent,
#endif
  ZDApp_event_loop, // 设备对象层任务事件函数
#if defined（ZIGBEE_FREQ_AGILITY ）|| defined（ZIGBEE_PANID_CONFLICT ）
  ZDNwkMgr_event_loop,
#endif
  SampleApp_ProcessEvent, // 自定义任务事件函数
};
```

从事件的名字就可以看出,每个默认的任务对应的是协议的层次。根据 Z-Stack 协议的特点,这些任务从上到下的顺序反映出了任务的优先级,如 MAC 事件处理 macEvent-Loop 的优先级高于网络层事件处理 nwk_event_loop。系统任务、任务标识符和任务事件处理函数之间的关系如图 5-12 所示,其中 tasksArr 数组中存储了任务的处理函数, tasksEvents 数组中则存储了各个任务对应的事件,由此可得知任务与事件之间是多对多的关系,即多个任务对应着多个事件。

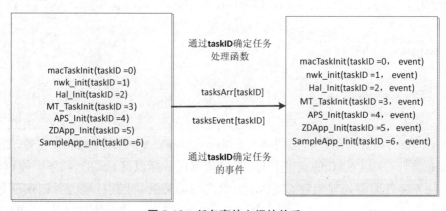

图 5-12　任务事件之间的关系

在 OSAL 初始化时,会将 tasksEvents[idx] 数组初始化为零,一旦系统中有事件发生,就用 osal_set_event 函数把 tasksEvent[id] 值为对应的事件。不同的任务有不同的 taskID,这样任务事件数组的 tasksEvents 中就表示了系统中哪些任务有等待处理的事件,然后就会调用各个任务处理函数处理对应的事件。

在 Z-Stack 协议栈中,事件可以是用户定义的事件,也可以是协议栈内部已经定义的事件。事件表是用数组来表示,数组的每个元素对应一个任务的事件,一般用户定义的事件最好是每一位二进制数表示一个事件,那么一个任务最多可以有 16 个事件。例如:0x01 表示串口接收新数据,0x02 表示读取温度数据,0x04 表示读取湿度数据等,但是不用 0x03、0xFE 等数值表示事件。

在这里已经完成了整个系统初始化,系统启动完毕后,通过轮转方式查询各个注册任务是否有事件发生,如果有需要处理的事件则调用相应的事件处理函数,如果没有事件,就查询下一个任务。

因此,可以将 OSAL 的运行机理总结如下。

(1)通过不断的查询事件表来判断是否有事件发生,如果有事件发生,则查找函数表找到对应的事件处理函数对事件进行处理。

(2)事件表使用数组来实现,数据的每一项对应一个任务的事件,每一位表示一个事件。

(3)函数表使用函数指针数组来实现,数组的每一项是一个函数指针,指向了事件处理函数。

5.2.7　OSAL 消息响应机制

OSAL 是通过"事件 + 消息队列"方式为多任务的处理服务的。任务发生以后, OSAL 会首先知道有这个事件发生,并调用相应的处理事件;然后 OSAL 会向这个任务的消息队列中发送消息。当任务得到调度后,该任务的回调函数首先从消息队列中读取消息,然后对消息进行处理,最后需要释放该消息。下面以示例任务 SampleApp_ProcessEvent 来进行代码解析。

```
uint16 SampleApp_ProcessEvent( uint8 task_id, uint16 events )
{
 afIncomingMSGPacket_t *MSGpkt;
 ( void )task_id; // 未使用的变量,通过该方式消除告警


 if( events & SYS_EVENT_MSG )
 {
 /* 从消息队列中接收一个消息( 消息包括事件和相关数据 ),判断事件类型,调用对应的事件处理函数对事件进行处理。
 */
```

```
MSGpkt =( afIncomingMSGPacket_t * )osal_msg_receive( SampleApp_TaskID );
While( MSGpkt )
{
 switch( MSGpkt->hdr.event )
  {
   // 按键事件
   case KEY_CHANGE：
      SampleApp_HandleKeys((( keyChange_t* )MSGpkt->state, (( keyChange_t * )
MSGpkt )->keys );
      break;

   // 接收无线数据事件
   case AF_INCOMING_MSG_CMD：
    SampleApp_MessageMSGCB( MSGpkt );
      break;

   // 网络状态变化事件
   case ZDO_STATE_CHANGE：
    SampleApp_NwkState =( devStates_t )( MSGpkt->hdr.status );
    if(( SampleApp_NwkState == DEV_ZB_COORD )
      ||( SampleApp_NwkState == DEV_ROUTER )
      ||( SampleApp_NwkState == DEV_END_DEVICE ))
      {
       // 启动定时器
       osal_start_timerEx( SampleApp_TaskID,
                  SAMPLEAPP_SEND_PERIODIC_MSG_EVT,
                  SAMPLEAPP_SEND_PERIODIC_MSG_TIMEOUT );
      }
     else
      {
       // 设备没有加入网络,暂不处理
      }
      break;

    default：
      break;
```

```
        }

        // 从消息队列中删除消息,如果不删除消息,则存在内存泄漏
        osal_msg_deallocate(( uint8 * )MSGpkt );

        // 继续读取消息,直到把消息队列读空
        MSGpkt =( afIncomingMSGPacket_t* )osal_msg_receive( SampleApp_TaskID );
      }

  // 将处理完的事件清除掉,返回未处理的事件
    return( events ^ SYS_EVENT_MSG );

  }

  // 对 SAMPLEAPP_SEND_PERIODIC_MSG_EVT 事件进行处理
  if( events & SAMPLEAPP_SEND_PERIODIC_MSG_EVT )
  {
    // 发送周期性消息
    SampleApp_SendPeriodicMessage( );

    // 再次启动定时器
    osal_start_timerEx( SampleApp_TaskID,
SAMPLEAPP_SEND_PERIODIC_MSG_EVT,
          ( SAMPLEAPP_SEND_PERIODIC_MSG_TIMEOUT + ( osal_rand( )&
0x00FF )));

    // 将处理完的事件清除掉,返回未处理的事件
    return( events ^ SAMPLEAPP_SEND_PERIODIC_MSG_EVT );
  }

  // Discard unknown events
  return 0;
}
```

　　事件处理函数首先判断事件类型,如果是 SYS_EVENT_MSG 事件才进行处理。SYS_EVENT_MSG 是一个事件集合,主要包括以下几个事件。

　　(1)AF_INCOMING_MSG_CMD:表示收到了一个新的无线数据事件。

（2）ZDO_STATE_CHANGE：表示当网络状态发生变化时，会产生该事件。如节点加入网络时，该事件就有效，还可以进一步判断加入的设备是协调器、路由器或终端。

（3）KEY_CHANGE：表示按键事件。

（4）ZDO_CB_MSG：表示每一个注册的 ZDO 响应消息。

（5）AF_DATA_CONFIRM_CMD：调用 AF_DataRequest 函数发送数据时，如果需要确认信息，可以设置该函数的入参实现。

调用 osal_msg_receive 接收函数从消息队列中读取消息，然后根据消息类型进行相关处理。这里会有很多类型的消息，如果消息是 AF_INCOMING_MSG_CMD 无线数据消息，则会调用 SampleApp_MessageMSGCB 函数进行处理。处理完消息后会将该消息从消息队列中删除。

5.3　开发项目：智能灯光控制系统

在智慧工厂一期项目成功升级改造完成后，公司决定继续对办公区灯光控制系统进行改造。根据投资者的需求，对项目有如下要求。

（1）在办公区入口处安装人体感应器，当有人进入入口时，自动点亮入口的 LED 灯，这样就能有效地避免能源的浪费。

（2）由于员工办公面积大，可以将整个员工办公区分成若干个独立的照明区域，根据需要开启相应区域的照明。由于办公区域入口多，故需要实现办公区多点控制，方便使用人员操作。在每个出入口都可以开启和关闭整个办公区的所有灯，这样可根据需要方便就近控制办公区的灯。

（3）在办公区内安装温湿度传感器，当超过设定的温湿度值时，系统就会自动报警，推送信息联动监控中心，以便工作人员及时处理，避免不必要的损失。

5.3.1　任务 1：项目分析

项目团队现场调研后，决定在 NEWLab 实训平台进行可行性验证工作。采用人体传感器模块和两块 ZigBee 模块组成开关量采集节点 A 模拟办公区入口，当人体传感器检测到有人时，向协调器发送消息，经过协调器处理，发送命令自动点亮办公区入口的 LED 灯。两块 ZigBee 模块模拟办公区内所有灯，通过协调器的按键可以控制办公区的 LED 灯；用温湿度传感器模块和 ZigBee 模块组成逻辑量采集节点 C 模拟办公室温湿度数据，当办公区温度过高时，能够推送信息到串口调试助手上。网络拓扑图如图 5-13 所示。

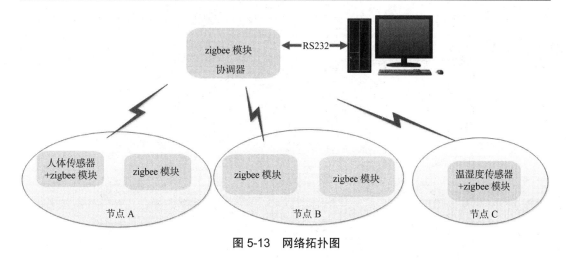

图 5-13　网络拓扑图

5.3.2　任务 2:Z-Stack 开发环境搭建

【任务要求】

搭建 Z-Stack 开发环境,并创建配置工程。

【任务实施】

1. 打开 Z-Stack 的 SampleApp.eww 工程

在默认安装路径 C:\Texas Instruments\ZStack-CC2530-2.5.1a 中找到 Components 和 Projects 文件夹,并复制到用户指定的目录下(作为新工程目录),如图 5-14 所示。

名称	修改日期	类型	大小
Components	2019/10/6 14:53	文件夹	
Projects	2019/10/6 14:52	文件夹	

图 5-14　Z-Stack 安装目录

从新工程路径下的 Projects\zstack\Samples\SampleApp\CC2530DB 中找到工程名为 SampleApp.eww 的文件,并双击打开这个新工程。

打开该工程后,可以看到 SampleApp.eww 工程文件布局,如图 5-15 所示。

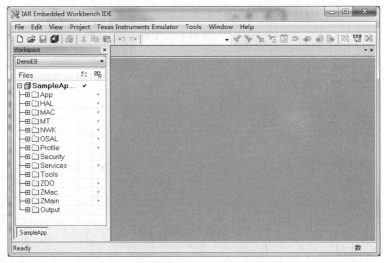

图 5-15　SampleApp.eww 工程文件布局

在 Workspace 栏中,有四个子项目可以选择,分别为 DemoEB(表示测试项目)、CoordinatorEB(协调器项目)、RouterEB(路由器项目)和 EndDeviceEB(终端节点项目),本次任务主要选择 CoordinatorEB 和 EndDeviceEB 项目。

(1)当选择 CoordinatorEB 选项时, f8wCoord.cfg 有效, f8wEndev.cfg 和 f8wRouter.cfg 两个文件无效(文件呈灰白色,表示不参与编译)。f8wCoord.cfg 文件定义了协调器设备类型,具体代码如下。

1	-DZDO_COORDINATOR	// 启用协调器功能
2	-DRTR_NWK	// 启用路由器功能

程序分析:协调器首先负责建立一个新的网络,一旦网络建立,该设备的作用就是一个路由器,所以协调器有双重功能。

(2)当选择 RouterEB 选项时,f8wRouter.cfg 有效,f8wEndev.cfg 和 f8wCoord.cfg 两个文件无效。f8wRouter.cfg 文件定义了路由器设备类型,具体代码如下。

1	-DRTR_NWK	// 启用路由器功能

(3)当选择 RouterEB 选项时,f8wEndev.cfg 有效,f8wRouter.cfg 和 f8wCoord.cfg 两个文件无效。f8wEndev.cfg 文件缺省配置终端节点设备类型。

(4)f8w2530.xcl 文件对 CC2530 单片机的堆栈、内存进行了分配,一般不需要修改。

(5)f8wConfig.cfg 文件对信道选择、网络号 ID 等有关链接命令进行配置,举例如下。

```
1   //-DMAX_CHANNELS_868MHZ     0x00000001
2   //-DMAX_CHANNELS_915MHZ     0x000007FE
3   //-DMAX_CHANNELS_24GHZ      0x07FFF800
4   -DDEFAULT_CHANLIST=0x00000800  // 11 - 0x0B ,默认启用信道 11
5   // 默认网络 ID
6   -DZDAPP_CONFIG_PAN_ID=0xFFFF
```

程序分析:上述代码定义了建立网络的信道默认值为 11,即从 11 信道上建立 ZigBee 网络。在第 11 行代码,定义了 ZigBee 网络的 PAN ID 号。因此,如果要建立其他信道或 PAN ID 号,在此修改即可。

2. 删除无效文件

将 SampleApp 工程中的 SampleApp.h 移除,移除方法为:选择 SampleApp.h,单击右键,在弹出的下拉菜单中选择 Remove,如图 5-16 所示。

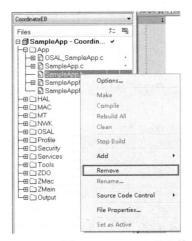

图 5-16　删除 SampleApp.h 头文件

按照上面的方法移除 SampleApp.c 、SampleAppHw.c 、SampleApphw.h。

3. 添加源文件

打开文件保存到项目目录下的 "Projects\zstack\Samples\SampleApp\Source" 路径,然后,将文件 "SampleApp.c" 拷贝两份,分别命名为 "Coordinator.c" 和 "EndDevice.c";修改 SampleApp.h 文件名为 comm.h,修改后的三个文件如图 5-17 所示。

h	comm.h	2019/10/2 22:51	C Header file	5 KB
c	Coordinator.c	2019/10/2 22:53	C Source file	18 KB
c	EndDevice.c	2019/10/2 22:50	C Source file	21 KB

图 5-17　修改后的文件

将三个文件添加到 SampleApp 工程中,右键单击工程名(SampleApp CoordinatorEB),在弹出的下拉菜单中选择 Add,然后选择 Add Files,选择刚才新建的三个文件 EndDevice.c 、

Coordinator.c 和 comm.h。其中 Coordinator.c 是协调器的代码，而 EndDevice.c 是终端节点的代码。添加完文件后工程文件布局如图 5-18 所示。

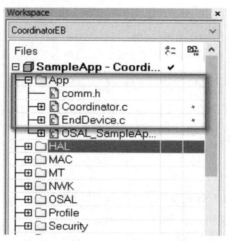

图 5-18　添加完文件后工程文件布局

4. 代码分析

1）comm.h 头

comm.h 头文件，该文件定义了应用支持层的一些初始化参数，是 Coordinator.c 和 End-Device.c 所使用的公共宏定义。

```
1   #ifndef    COMM_H
2   #define    COMM_H
3   #include    "ZComDef.h"
4   #define    SAMPLEAPP_ENDPOINT          20
5   #define    SAMPLEAPP_PROFID           0x0F08
6   #define    SAMPLEAPP_DEVICEID          0x0001
7   #define    SAMPLEAPP_DEVICE_VERSION     0
8   #define    SAMPLEAPP_FLAGS            0
9   #define    SAMPLEAPP_MAX_CLUSTERS       2
10  #define    SAMPLEAPP_PERIODIC_CLUSTERID 1
11  extern void SampleApp_Init( uint8 task_id );
12  extern UINT16 SampleApp_ProcessEvent( uint8 task_id, uint16 events );
13  #endif
```

（1）第 1~2 行，ifndef 都是一种宏定义判断，为了避免头文件被重复包含。

（2）第 4 行，定义端口号。

（3）第 6 行，定义设备 ID。

（4）第 7 行，定义设备版本号。

（5）第 8 行,定义设备的标准。

（6）第 9 行,定义设备的最大簇个数。

2）修改 Coordinator.c 文件

（1）头文件引用,上述代码是从 SampleApp.c 中复制过来的,需要将 #include "Sample-App.h" 替换为 #include "comm.h",同时将 #include "SampleAppHw.h" 头文件引用删除。

```
1  #include "OSAL.h"
2  #include "ZGlobals.h"
3  #include "AF.h"
4  #include "ZDApp.h"
5  #include "comm.h"        // 修改后的代码
6  #include "OnBoard.h"
7  #include "hal_lcd.h"
8  #include "hal_led.h"
9  #include "hal_key.h"
```

（2）变量定义及函数声明。

```
1   // SAMPLEAPP_PERIODIC_CLUSTERID 是系统自带的簇 ID,该簇 ID 是在 comm.h
2   // 头文件中定义的宏,主要是为了和协议栈里面的数据定义格式保持一致。
3   const cId_t SampleApp_ClusterList[SAMPLEAPP_MAX_CLUSTERS] =
4   {
5   SAMPLEAPP_PERIODIC_CLUSTERID
6   };
7
8   // 用来描述一个 ZigBee 设备节点,称为简单设备描述符
9   const SimpleDescriptionFormat_t SampleApp_SimpleDesc =
10  {
11  SAMPLEAPP_ENDPOINT,
12   SAMPLEAPP_PROFID,
13   SAMPLEAPP_DEVICEID,
14   SAMPLEAPP_DEVICE_VERSION,
15   SAMPLEAPP_FLAGS,
16   SAMPLEAPP_MAX_CLUSTERS,
17  （cId_t *）SampleApp_ClusterList,
18   0,
19  （cId_t *）NULL
20   };
```

```
21
22    endPointDesc_t SampleApp_epDesc；//节点描述符
23    uint8 SampleApp_TaskID；//任务优先级
24    uint8 SampleApp_TransID；//数据发送序列号
25    afAddrType_t SampleApp_Periodic_DstAddr；//目的是广播地址变量定义
26    afAddrType_t SampleApp_Flash_DstAddr；//目的地址是组播地址变量定义
27
28    aps_Group_t SampleApp_Group；
29
30    uint8 SampleAppPeriodicCounter = 0；
31    uint8 SampleAppFlashCounter = 0；
32    //声明消息处理函数
33    void SampleApp_MessageMSGCB( afIncomingMSGPacket_t *pckt )；
```

（3）任务初始化函数。该函数主要完成任务 ID 的保存、发送数据包初始化、初始化节点描述符、调用 afRegister 将节点描述符进行注册。

```
1     void SampleApp_Init( uint8 task_id )
2     {
3      SampleApp_TaskID = task_id；
4      SampleApp_NwkState = DEV_INIT；
5      SampleApp_TransID = 0；
6
7
8      #if defined（ BUILD_ALL_DEVICES ）
9
10      if（ readCoordinatorJumper（ ） ）
11      zgDeviceLogicalType = ZG_DEVICETYPE_COORDINATOR；
12      else
13      zgDeviceLogicalType = ZG_DEVICETYPE_ROUTER；
14     #endif // BUILD_ALL_DEVICES
15
16     #if defined（ HOLD_AUTO_START ）
17      ZDOInitDevice（ 0 ）；
18     #endif
19
20     // 目的是广播地址的数据结构初始化
```

```
21      SampleApp_Periodic_DstAddr.addrMode =( afAddrMode_t )AddrBroadcast;
22      SampleApp_Periodic_DstAddr.endPoint = SAMPLEAPP_ENDPOINT;
23      SampleApp_Periodic_DstAddr.addr.shortAddr = 0xFFFF;
24
25      // 目的是组播地址的数据结构初始化
26      SampleApp_Flash_DstAddr.addrMode =( afAddrMode_t )afAddrGroup;
27      SampleApp_Flash_DstAddr.endPoint = SAMPLEAPP_ENDPOINT;
28      SampleApp_Flash_DstAddr.addr.shortAddr = SAMPLEAPP_FLASH_GROUP;
29
30      // 初始化节点描述符,记录节点的任务 ID、端口号和简单描述符
31      SampleApp_epDesc.endPoint = SAMPLEAPP_ENDPOINT;
32      SampleApp_epDesc.task_id = &SampleApp_TaskID;
33      SampleApp_epDesc.simpleDesc
34          =( SimpleDescriptionFormat_t * )&SampleApp_SimpleDesc;
35      SampleApp_epDesc.latencyReq = noLatencyReqs;
36
37      // 将本节点注册到 AF 中,否则不能使用 OSAL 的服务
38      afRegister( &SampleApp_epDesc );
39
40      // 按键注册
41      RegisterForKeys( SampleApp_TaskID );
42
43      // 默认情况,所有节点都加入组播 1 中
44      SampleApp_Group.ID = 0x0001;
45      osal_memcpy( SampleApp_Group.name, "Group 1", 7 );
46      aps_AddGroup( SAMPLEAPP_ENDPOINT, &SampleApp_Group );
47
48  #if defined( LCD_SUPPORTED )
49      HalLcdWriteString( "SampleApp", HAL_LCD_LINE_1 );
50  #endif
51  }
```

（4）事件处理函数。该函数使用 osal_msg_receive 函数从消息队列上接收消息,该消息中包含了指向接收到的无线数据包的指针,对接收到的消息进行判断,如果接收到了无线数据,则调用 SampleApp_MessageMSGCB 函数对数据进行相应处理。

```
uint16 SampleApp_ProcessEvent（uint8 task_id，uint16 events）
{
    // 定义了一个指向接收消息结构体的指针 MSGpkt
    afIncomingMSGPacket_t *MSGpkt；
    if（events & SYS_EVENT_MSG）
    {
        // 从消息队列中接收消息
        MSGpkt =（afIncomingMSGPacket_t * ）osal_msg_receive（SampleApp_TaskID ）；
        while（ MSGpkt ）
        {
            // 根据不同的消息类型，进行相应处理
            switch（ MSGpkt->hdr.event ）
            {
            // 如果是无线消息，调用 SampleApp_MessageMSGCB 函数对接收无线数据进行处理
                case AF_INCOMING_MSG_CMD：
                    SampleApp_MessageMSGCB（ MSGpkt ）；
                    break；
                default：
                    break；
            }
            osal_msg_deallocate（（ uint8 * ）MSGpkt ）； // 处理完消息后，释放消息
            // 处理完一个消息后，继续从消息队列读取消息，直到消息队列为空
            MSGpkt=（ afIncomingMSGPacket_t* ）osal_msg_receive（ SampleApp_TaskID ）；
        }
        // 返回未处理的事件
        return（ events ^ SYS_EVENT_MSG ）；
    }
    return 0；              // 丢弃未知的事件
}
```

3）修改 EndDevice.c 文件

该文件对头文件的引用修改点和 Coordinator.c 一致。

4）修改 OSAL_SampleApp.c 文件

修改头文件引用，代码如下。

```
#include "comm.h"      // 由 OSAL_SampleApp.h 修改为 comm.h
```

5. 工程属性修改

（1）在 Workspace 的下拉列表框中选择 CoordinatorEB，然后右键单击 EndDevice.c 文件，在弹出的下拉菜单中选择 Options，在弹出的对话框中选择 Exclude from build，此时 End-Device.c 文件变成灰色状态。通过该选项设置，EndDevice.c 将不参与协调器工程的编译。

点击工具栏上的"Make"按钮，就可以实现协调器代码的编译。

编译完成后，在窗口下方会自动弹出"Message"窗口，显示编译过程中的错误和警告信息。

（2）在 Workspace 下面的下拉列表框中选择 EndDeviceEB，然后右键单击 Coordinator.c 文件，在弹出的下拉菜单中选择 Options，在弹出的对话框中选择 Exclude from build，此时，Coordinator.c 文件变成灰色状态。通过该选项设置，Coordinator.c 将不参与终端工程的编译，然后重新编译终端节点工程，如果没有错误信息，则表明终端节点代码没有语法和链接问题。

5.3.3　任务 3：办公区入口灯光控制系统实现

【任务要求】

根据任务需求采用人体传感器模块和 ZigBee 模块组成一个数字量节点模拟办公区入口数据采集，模拟办公区人体红外数据采集，并将采集数据通过无线传输至协调器节点。协调器接收到数据后，发送指令控制入口处 LED 灯亮灭。

【必备知识】

1. 通信方式

在 ZigBee 无线传感器网络中，数据通信主要有单播、组播和广播三种类型，用户可以根据通信的需要灵活采用某种通信方式。

单播（图 5-19）：数据在网络的传输中，目的地址为单一目标的一种传输方式。单播表示网络中两个节点之间进行数据发送与接收的过程，点对点连接是两个系统或进程之间的专用通信链路。想象一下直接连接两个系统的一条线路，两个系统独占此线路进行通信。

组播（图 5-20）：又称多播，是指把信息同时传递给一组目的地址。消息在每条网络链路上只需传递一次，而且只有在链路分叉的时候，消息才会被复制。组播表示当网络中一个节点发送的数据包时，只有与该节点属于同一组的节点，才能收到该数据包。类似领导讲完后，各小组进行讨论，只有本小组的成员才能听到相关的讨论内容，不属于本小组的成员是听不到相关讨论内容。这种方式必须确定节点的组号。

广播（图 5-21）：数据在网络中传输时，目的地址为网络中所有设备的一种传输方式。实际上，这里所说的"所有设备"也是限定在一个范围内，称为"广播域"。广播表示一个节点发送的数据包，网络中所有节点都可以收到。类似开会时，领导讲话，每位与会者都可以听到。

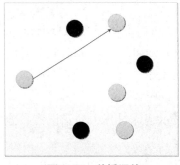
图 5-19　单播通信

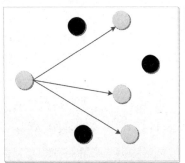
图 5-20　组播通信

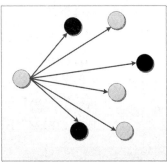
图 5-21　广播通信

2. Z-Stack LED 驱动代码分析

1)LED 端口方向初始化代码分析

对 LED 的操作就是对 I/O 的操作,这是学习单片机的基础。Z-Stack 对 LED 的初始化是在 ZMain.c 文件中的主函数 main 中通过调用 HAL_BOARD_INIT 实现的。

```
1    HAL_TURN_OFF_LED1( );                        \
2    LED1_DDR |= LED1_BV;                         \
3    HAL_TURN_OFF_LED2( );                        \
4    LED2_DDR |= LED2_BV;                         \
5    HAL_TURN_OFF_LED3( );                        \
6    LED3_DDR |= LED3_BV;
```

这里对三个 I/O 口进行了初始化,在初始化之前首先清零,然后再设置相应端口方向寄存器。LED 相关宏定义见表 5-1。

表 5-1　LED 相关宏定义

宏定义	内容	说明
LED1_DDR	P1DIR	P1 端口输入输出寄存器
LED2_DDR	P1DIR	P1 端口输入输出寄存器
LED3_DDR	P1DIR	P1 端口输入输出寄存器
LED1_BV	BV(0)	1<<0,就是 P1_0
LED2_BV	BV(1)	1<<0 ,就是 P1_2

2)LED 状态初始化代码分析

在完成 LED 端口初始化以后,程序又对 LED 的初始状态进行初始化。在 ZMain 组中打开 ZMain.c 文件,找到主函数 main 入口。程序从主函数开始执行,在完成初步检查后执行到 HaldriverInit 函数。该函数包括了很多芯片的硬件功能模块的初始化,如 TIMER、ADC、DMA、AES、LCD、LED、UART、KEY、SPI、HID,每个模块都通过条件编译决定是否编译该段代码,这样使程序有非常大的灵活性,对程序的修改起到非常重要的作用。其中

LED 的初始化如下所示。

```
1   #if( defined HAL_LED )&&( HAL_LED == TRUE )
2     HalLedInit( );
3   #endif
```

初始化通过条件编译判断是否定义了 HAL_LED,并且定义的 HAL_ED 为真才编译 HalLedInit 函数。程序执行到这里才会执行 HalLedInit 函数,如果条件不成立,那么该函数对程序没有任何影响。

而对于 HAL_LED 宏定义是否是开启的,可以打开 HAL/Target/hal_board_cfg.h 头文件,找到 HAL_LED 宏定义,默认 HAL_LED 这个宏为 TRUE。

```
1   #ifndef HAL_LED
2   #define HAL_LED TRUE
3   #endif
4   #if( ! defined BLINK_LEDS )&&( HAL_LED == TRUE )
5   #define BLINK_LEDS
6   #endif
```

因此, HalLedInit 函数会被调用,该函数会关闭所有的 LED 灯并关闭 LED 灯控制的睡眠。

```
1     void HalLedInit( void )
2     {
3   #if( HAL_LED == TRUE )
4     /* Initialize all LEDs to OFF */
5     HalLedSet( HAL_LED_ALL , HAL_LED_MODE_OFF );
6   #endif /* HAL_LED */
7   #ifdef BLINK_LEDS
8     /* Initialize sleepActive to FALSE */
9     HalLedStatusControl.sleepActive = FALSE;
10  #endif
11    }
```

3)LED API 函数介绍

LED 的主要操作函数描述见表 5-2。

表 5-2　LED 的主要操作函数描述

函数名	功能
HAL_TURN_OFF_LED1( )	熄灭 LED1,LED1 可修改为 LED1~LED4 中任一个
HAL_TURN_ON_LED1( )	点亮 LED1,LED1 可修改为 LED1~LED4 中任一个

函数名	功能
HAL_TOGGLE_LED1( )	翻转 LED1,LED1 可修改为 LED1~LED4 中任一个
HalLedSet(uint8 leds, uint8 mode)	1. 形参 leds 可为:HAL_LED_1/2/3/4/ALL 中任一个; 2. 形参 mode 可以是如下值。 (1)HAL_LED_MODE_BLINK:灯闪烁。 (2)FLASH:灯闪亮。 (3)TOGGLE:灯状态翻转。 (4)ON:灯亮。 (5)OFF:灯熄灭。 举例:HalLedSet(HAL_LED_1, HAL_LED_MODE_ON),点亮 LED1
HalLedBlink(uint8 leds, uint8 numBlinks, uint8 percent, uint16 period)	1. 形参 leds 可为:HAL_LED_1/2/3/4/ALL 中任一个。 2. 形参 numBlinks 为闪烁次数,如 10 为闪烁 10 次,0 为无限闪烁。 3. 形参 percent 为每个周期的占空比,即一定时间内 LED 亮的时间占百分之几;形参 period 为周期。 举例 1:HalLedBlink(HAL_LED_4, 0, 50, 500),表示 LED4 无限闪烁,50 是百分之五十,就是亮灭各一半,500 是周期,就是 0.5 s。 举例 2:HalLedBlink(HAL_LED_ALL, 10, 50, 500),表示使 LED1、LED2、LED3 和 LED4 全部同时闪烁 10 次,并且闪烁 10 次之后全部熄灭

3. Z-Stack 协议栈 API 函数介绍

(1)在 ZigBee 协议栈进行数据发送可以通过调用 AF_DataRequest 函数来实现,该函数会调用协议栈里面与硬件相关的函数并最终将数据通过天线发送出去,这涉及对射频模块的操作,例如:打开发射机,调整发射机的发送功率等内容,这部分协议已经实现,用户不需要自己写代码,只需要掌握 AF_DataReques 函数的使用方法即可。下面简要讲解一下 AF_DataRequest 数据发送函数中各个参数的具体含义。

afStatus_t AF_DataRequest(afAddrType_t *dstAddr, endPointDesc_t *srcEP,
uint16 cID, uint16 len, uint8 *buf,
uint8 *transID,uint8 options,uint8 radius)

① afaddr Type t *dstaddr:该参数包含了目的节点的网络地址以及发送数据的格式,如广播、单播或多播等。

```
1   typedef enum
2   {
3    afAddrNotPresent = AddrNotPresent,
4    afAddr16Bit     = Addr16Bit,    // 单播方式
5    afAddr64Bit     = Addr64Bit,
6    afAddrGroup     = AddrGroup,    // 组播方式
7    afAddrBroadcast = AddrBroadcast // 广播方式
8   } afAddrMode_t;
9
```

② endPointDesc_t *srcEP：在 ZigBee 无线网络中，通过网络地址可以找到某个具体的节点，如协调器的网络地址是 0x0000，但是具体到某一个节点上，还有不同的端口（endpoint），每个节点上最多支持 240 个端口。

```
1    typedef struct
2    {
3     uint8 endPoint;  // 端点号
4     uint8 *task_id; // 任务号
5     SimpleDescriptionFormat_t *simpleDesc;// 简单的端点描述
6     afNetworkLatencyReq_t latencyReq;
7    } endPointDesc_t;
```

③ uit16 cID：这个参数描述的是命令号，在 ZigBee 协议里的命令主要用来标识不同的控制，不同的命令号代表了不同的控制命令，如节点 1 的端口 1 可以给节点 2 的端口 1 发送控制命令，当该命令的 cID 为 1 时表示点亮 LED，当该命令的 cID 为 0 时表示熄灭 LED，因此，该参数主要是为了区别不同的命令。

④ uint16 len：该参数标识了发送数据的长度。

⑤ uint8 *buf：该参数是指向发送数据缓冲区的指针，发送数据时只需要将所要发送的数据缓冲区的地址传递给该参数即可，数据发送函数会从该地址开始按照指定的数据长度取得发送数据进行发送。

⑥ uint8 *transID：该参数是一个指向发送序号的指针，每次发送数据时，发送序号会自动加 1（协议栈里面实现的该功能），在接收端可以通过发送序号来判断是否丢包，同时可以计算丢包率。

⑦ options 和 radius 两个取默认值就可以，options 取 AF_DISCV_ROUTE（默认为 0x20），radius 取 AF_DEFAULT_RADIUS（默认为 32）。

【任务实施】

1. 打开工程

打开 5.3.2 创建的工程。

2. 修改代码

修改公共头文件 comm.h 代码。

新增簇 ID 宏定义，该宏定义是协调器区分接收到不同的无线消息的标志。新增人体传感器 ID（值为 3），自动控制 LED 簇 ID（值为 4），新增传感器数据采集事件（值为 4），新增人体传感器向协调器发送数据的定时时长，时长为 1000（1 s）。

```
1    #define SAMPLEAPP_PERIODIC_CLUSTERID    1
2    #define SAMPLEAPP_FLASH_CLUSTERID       2
3    // 新增簇 ID
4    #define SAMPLEAPP_BODY_SENSOR_CLUSTERID 3   // 人体传感器簇 ID
```

```
5   #define SAMPLEAPP_AUTO_CTRL_LED_CLUSTERID 4 // 自动控制 LED 簇 ID
6
7   // 传感器采集数据
8   #define SENSOR_SEND_PERIODIC_MSG_EVT          0x0004
9   #define BODY_SENSOR_SEND_PERIODIC_MSG_TIMEOUT  1000
```

3. 终端节点编程

（1）打开 EndDevice.c 文件，在该文件中新增宏定义。

①增加红外人体传感器代码预编译选项。

```
1   #define  BODY_SENSOR    // 人体感应传感器
```

②新增红外人体传感器的引脚的宏定义 BODY_PIN。

```
1   #ifdef BODY_SENSOR
2     #define  BODY_PIN  P0_1
3   #endif
```

③增加红外人体传感器簇 ID。

```
1   const cId_t SampleApp_ClusterList[SAMPLEAPP_MAX_CLUSTERS] =
2   {
3     SAMPLEAPP_PERIODIC_CLUSTERID,
4     SAMPLEAPP_FLASH_CLUSTERID,
5     SAMPLEAPP_BODY_SENSOR_CLUSTERID  // 新增红外传感器簇 ID
6   }
```

（2）初始化功能。

① 新增红外人体传感器特殊功能寄存器设置的初始化函数，代码如下。

```
1   #ifdef BODY_SENSOR
2   static void InitBodySensor( void )
3   {
4    P0SEL &= ~0x02;    //P0_1 为通用 I/O 口
5    P0DIR &= ~0x02;    //P0_1 方向为输入
6    P0INP &= ~0x02;    // 上拉
7    P2INP &= ~0x20;    //P0 端口上拉
8   #endif}
9   #endif
```

在 EndDevice.c 中变量定义之前声明该函数。

```
1   #ifdef BODY_SENSOR
2   static void InitBodySensor( void );   // 函数声明
3   #endif
```

②在 SampleApp_Init 函数中增加对 InitBodySensor 函数的调用,实现对 P0_1 的初始化工作。4~6 行为新增代码。

```
1    void SampleApp_Init( uint8 task_id )
2    {
3
4    #ifdef BODY_SENSOR
5            InitBodySensor( );
6    #endif
7
8      SampleApp_TaskID = task_id;
9      SampleApp_NwkState = DEV_INIT;
10     …
11   }
```

(3)事件处理函数。在 SampleApp_ProcessEvent 事件处理函数中,将终端节点加入网络,修改状态变化事件的代码。首先删除原状态变化发送周期性事件的代码,然后新增如下处理:若终端节点加入网络后,终端节点的 LED2 灯闪烁表明入网成功,同时启动定时器,向自己的任务发送人体传感器采集事件 SENSOR_SEND_PERIODIC_MSG_EVT,定时器时长为 1 s。修改后的代码如下所示。

```
1    case ZDO_STATE_CHANGE:
2        SampleApp_NwkState = ( devStates_t )( MSGpkt->hdr.status );
3
4
5    if (( SampleApp_NwkState == DEV_ROUTER ) || ( SampleApp_NwkState == DEV_
6    END_DEVICE ))
7        {
8          // 如果设备入网成功,终端节点 LED2 灯闪烁
9          HalLedBlink( HAL_LED_2, 0, 50, 500 );
10
11   #ifdef BODY_SENSOR
12   osal_start_timerEx( SampleApp_TaskID,
13                       SENSOR_SEND_PERIODIC_MSG_EVT,
14                       BODY_SENSOR_SEND_PERIODIC_MSG_TIMEOUT );
15   #endif
16       }
17
18       break;
```

在任务接收到 SENSOR_SEND_PERIODIC_MSG_EVT 事件后,执行事件处理函数。首先调用 SampleApp_Send_Data_to_Coordinator 函数向协调器发送单播报文,然后再次启动定时器,为了避免信道冲突,定时时长在 1 s 基础上有偏移。

```
1    if( events & SENSOR_SEND_PERIODIC_MSG_EVT )
2    {
3              SampleApp_Send_Data_to_Coordinator( );
4    #ifdef BODY_SENSOR
5              // 再次启动定时器,定时器时长有偏移
6              osal_start_timerEx( SampleApp_TaskID,
7    SENSOR_SEND_PERIODIC_MSG_EVT,
8         ( BODY_SENSOR_SEND_PERIODIC_MSG_TIMEOUT + ( osal_rand( ) &
9    0x00FF ) ) );
10   #endif
11     // 返回未处理的事件
12     return( events ^ SENSOR_SEND_PERIODIC_MSG_EVT );
13   }
```

新增协调器发送采集数据主要功能是首先设置目的地址、发送模式(单播、广播)以及目的端口号,然后判断是否感应到有人,如果有人,调用 AF_DataRequest 发送数据。函数如下所示。

```
1    void SampleApp_Send_Data_to_Coordinator( void )
2    {
3        ZStatus_t ucRet = 0;
4        byte state;
5        // 发送地址
6        afAddrType_t SampleApp_Coordinator_DstAddr;
7        SampleApp_Coordinator_DstAddr.addrMode=( afAddrMode_t )afAddr16Bit;
8        SampleApp_Coordinator_DstAddr.endPoint =SAMPLEAPP_ENDPOINT;
9        SampleApp_Coordinator_DstAddr.addr.shortAddr = 0x00;
10   #ifdef BODY_SENSOR
11   if( BODY_PIN == 0 )
12   {
13     MicroWait( 10000 );              // 等待 10 ms
14     if( BODY_PIN == 0 )
15     {
16     state = 0x31; // 有人进入
```

```
17
18      }
19      else
20      {
21        state = 0x30;
22
23
24      }
25      ucRet = AF_DataRequest( &SampleApp_Coordinator_DstAddr,
26              ( endPointDesc_t * )&SampleApp_epDesc,
27              SAMPLEAPP_BODY_SENSOR_CLUSTERID,
28              1,
29              &state,
30              &SampleApp_TransID,
31              AF_DISCV_ROUTE,
32              AF_DEFAULT_RADIUS );
33  }
34    else
35  {
36      state = 0x30;
37      HalLedSet( HAL_LED_1, HAL_LED_MODE_OFF );// 关闭 LED1
38  }
39  #endif
40  }
```

同时在 EndDevice.c 文件中变量定义之前声明该函数。

```
    void SampleApp_Send_Data_to_Coordinator( void );
```

4. 协调器节点编程

1)初始化代码

增加红外传感器簇 ID 和自动控制 LED 灯簇 ID。

```
1   const cId_t SampleApp_ClusterList[SAMPLEAPP_MAX_CLUSTERS] =
2   {
3     SAMPLEAPP_PERIODIC_CLUSTERID,
4     SAMPLEAPP_FLASH_CLUSTERID,
5     // 新增宏
6     SAMPLEAPP_BODY_SENSOR_CLUSTERID,  // 新增红外传感器簇 ID
```

```
7    SAMPLEAPP_AUTO_CTRL_LED_CLUSTERID // 新增自动控制 LED 灯簇 ID
     }
```

2）事件处理函数

（1）在 SampleApp_ProcessEvent 事件处理函数中，当节点状态变为协调器时，修改网络状态变化事件代码。首先删除原状态变化发送周期性事件的代码，然后新增加节点变为协调器的处理：点亮协调器节点的 LED2 灯，表明组网成功。

```
case ZDO_STATE_CHANGE:
    SampleApp_NwkState = ( devStates_t )( MSGpkt->hdr.status );
    if( SampleApp_NwkState == DEV_ZB_COORD )
    {
      // 设备组网成功
      HalLedSet( HAL_LED_2, HAL_LED_MODE_ON );
    }
    break;
```

（2）修改无线数据事件处理函数代码。在 SampleApp_ProcessEvent 事件处理函数中，接收到无线数据后，会调用 SampleApp_MessageMSGCB 处理无线数据，增加 SAMPLE-APP_BODY_SENSOR_CLUSTERID 簇 ID 的处理，调用 SampleApp_auto_ctrl_led 发送广播报文到终端节点。

```
1
2    void SampleApp_MessageMSGCB( afIncomingMSGPacket_t *pkt )
3    {
4     uint16 flashTime;
5
6     switch( pkt->clusterId )
7     {
8      case SAMPLEAPP_PERIODIC_CLUSTERID:
9         break;
10
11     case SAMPLEAPP_FLASH_CLUSTERID:
12      flashTime = BUILD_UINT16( pkt->cmd.Data[1], pkt->cmd.Data[2] );
13      HalLedBlink( HAL_LED_4, 4, 50, ( flashTime / 4 ) );
14      break;
15
16   case SAMPLEAPP_BODY_SENSOR_CLUSTERID:     // 人体感应传感器簇 ID
```

```
17  {
18  if( pkt->cmd.Data[0] == 0x31 )
19  {
20              HalUARTWrite( 0," 有人进入 \n", 9 );   // 在串口调试助手上显示有人
21          }
22      // 向终端节点( 模拟办公区入口节点 )发送消息,让终端节点点亮 LED 灯
23  SampleApp_auto_ctrl_led( pkt->cmd.Data[0] );
24  break;
25  }
26  }
27  }
```

SampleApp_auto_ctrl_led 函数中以广播方式发送报文,调用 AF_DataRequest 发送数据,目的地址在 SampleApp_Init 函数中初始化。函数如下所示。

```
1   void SampleApp_auto_ctrl_led( byte state )
2   {
3
4   //广播发送
5   if( AF_DataRequest( &SampleApp_Periodic_DstAddr,
6   &SampleApp_epDesc,
7           SAMPLEAPP_AUTO_CTRL_LED_CLUSTERID,
8           1,
9           ( uint8* )&state,
10          &SampleApp_TransID,
11          AF_DISCV_ROUTE,
12          AF_DEFAULT_RADIUS )== afStatus_SUCCESS )
13  {
14  }
15  else
16  {
17   // Error occurred in request to send.
18  }
19  }
```

在 Coordinator.c 变量定义之前声明该函数。

```
    void SampleApp_auto_ctrl_led( byte state );
```

5. 终端节点编程

1）新增宏定义

增加自动控制 LED 灯簇 ID 的宏。

```
1  const cId_t SampleApp_ClusterList[SAMPLEAPP_MAX_CLUSTERS] =
2  {
3    SAMPLEAPP_PERIODIC_CLUSTERID,
4    SAMPLEAPP_FLASH_CLUSTERID,
5    SAMPLEAPP_BODY_SENSOR_CLUSTERID,  // 新增红外传感器簇 ID
6    SAMPLEAPP_AUTO_CTRL_LED_CLUSTERID // 新增自动控制 LED 灯簇 ID
7  }
```

2）事件处理函数

在 SampleApp_ProcessEvent 事件处理函数中，接收到无线数据后会调用 SampleApp_MessageMSGCB 对无线消息进行处理，在该函数中增加对 SAMPLEAPP_BODY_SENSOR_CLUSTERID 簇 ID 的处理，如果是有人，则自动打开 LED 灯，否则，熄灭 LED 灯。

```
1   case SAMPLEAPP_AUTO_CTRL_LED_CLUSTERID:
2   {
3     if( 0x31 ==( pkt->cmd.Data[0] ))
4     {
5             HalLedSet( HAL_LED_1, HAL_LED_MODE_ON );
6     }
7     else if( 0x30 ==( pkt->cmd.Data[0] ))// 关灯
8     {
9       HalLedSet( HAL_LED_1, HAL_LED_MODE_OFF );
10    }
11    break;
12  }
```

6. 修改 LED 驱动

在 HAL 目录下的 "Target/CC2530/Config" 中打开 hal_board_cfg.h 文件，修改代码如下所示。

```
1   #define LED1_BV          BV( 0 )
2   #define LED1_SBIT        P1_0
3   #define LED1_DDR         P1DIR
4   #define LED1_POLARITY    ACTIVE_HIGH
5
6   #if defined( HAL_BOARD_CC2530EB_REV17 )
```

```
7    /* 2 - Red */
8    #define LED2_BV        BV( 1 )
9    #define LED2_SBIT      P1_1
10   #define LED2_DDR       P1DIR
11   #define LED2_POLARITY  ACTIVE_HIGH
12
13   /* 3 - Yellow */
14   #define LED3_BV        BV( 4 )
15   #define LED3_SBIT      P1_4
16   #define LED3_DDR       P1DIR
17   #define LED3_POLARITY  ACTIVE_HIGH
```

7. 信道和 PAN ID 代码分析与修改

在 Workspace 栏中,有四个子项目可以选择,分别为 DemoEB、CoordinatorEB、RouterEB 和 EndDeviceEB,本次任务主要选择 CoordinatorEB 和 EndDeviceEB 项目。

f8wConfig.cfg 文件对信道选择、网络号 ID 等有关的链接命令进行配置。默认信道是 11,PAN ID 是 0xFFFF,可以根据实际组网情况,修改 PAN ID 和信道 ID 的值。

```
1    // 信道 ID 定义
2    //-DDEFAULT_CHANLIST=0x00004000  // 14 - 0x0E
3    //-DDEFAULT_CHANLIST=0x00002000  // 13 - 0x0D
4    //-DDEFAULT_CHANLIST=0x00001000  // 12 - 0x0C
5    -DDEFAULT_CHANLIST=0x00000800   // 11 - 0x0B
6    // 默认的 PANID
7    -DZDAPP_CONFIG_PAN_ID=0xFFFF
```

8. 模块编译、链接与下载

1)协调器模块

将 Zigbee 模块固定在 NEWLab 平台,在 Workspace 栏下选择 "CoordinatorEB" 模块,重新编译程序无误后,给 NEWLab 平台供电,下载协调器节点程序。

2)终端模块

将 Zigbee 模块固定在 NEWLab 平台,在 Workspace 栏下选择 "EndDeviceEB" 模块,重新编译程序无误后,给 NEWLab 平台供电,下载终端节点程序。

9. 程序运行

人体感应传感器实时检测是否有人出现,若检测到有人,立刻把信息发送给协调器,协调器收到数据后,将自动控制 LED 灯的消息以广播形式发送到其他终端节点,终端节点将点亮本机的 LED2 灯。程序运行效果如图 5-22 所示。

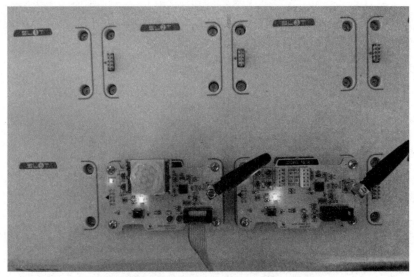

图 5-22　办公区入口灯光控制系统运行效果

5.3.4　任务 4：办公区灯光控制系统实现

【任务要求】

由于办公区域入口多，实现办公区多点控制，方便使用人员操作。在每个出入口都可以开启和关闭整个办公区的所有灯，这样可根据需要就近控制办公区域的灯。根据任务需求，在协调器节点处通过按键控制办公区域的所有灯的亮与灭。

【必备知识】

Z-Stack 协议栈中提供了轮询和中断两种按键控制方式，其中轮询方式是每隔一定时间检测按键状态，并进行相应处理；中断方式是按键触发外部中断，并进行相应处理。默认使用轮询方式，如果觉得轮询方式处理按键不够灵敏，可以修改为中断方式。

Z-Stack 协议栈中定义了 1 个 Joystick 游戏摇杆和 2 个独立按键，其中 Joystick 游戏摇杆方向键采用 ADC 接口、中心键采用 TTL 接口，方向键与 CC2530 的 AN6（P0.6）相连，随着摇杆方向不同，抽头的阻值随着变化，CC2530 的 ADC 采样的值就会发生变化，从而得知摇杆的方向；中心键与 CC2530 的 P2.0 相连。独立按键仅有 SW6 的宏定义，即与 CC2530 的 P0.1 相连，SW7 需用户补充。抽头的阻值随着摇杆方向的不同而变化。Z-Stack 按键驱动代码分析如下。

1）Z-Stack 的按键宏定义

（1）在 HAL/include 目录下的 hal_key.h 文件中，对按键进行基本的定义。

```
1    /* 中断使能和禁用 */
2    #define HAL_KEY_INTERRUPT_DISABLE    0x00
3    #define HAL_KEY_INTERRUPT_ENABLE     0x01
```

```
4
5    /* Key state - shift or normal */
6    #define HAL_KEY_STATE_NORMAL        0x00
7    #define HAL_KEY_STATE_SHIFT         0x01
```

（2）在 HAL/include 目录下的 hal_key.c 文件中,对按键进行具体的配置。注意:只有采用中断方式响应按键,才用到以下代码配置按键输入端口。

```
1    // 配置按键和摇杆的中断状态寄存器
2    #define HAL_KEY_CPU_PORT_0_IF P0IF
3    #define HAL_KEY_CPU_PORT_2_IF P2IF
4
5    /* 按键 SW_6 与 P0.1 相连,并进行端口配置 */
6    #define HAL_KEY_SW_6_PORT   P0
7    #define HAL_KEY_SW_6_BIT    BV( 1 )
8    #define HAL_KEY_SW_6_SEL    P0SEL
9    #define HAL_KEY_SW_6_DIR    P0DIR
10
11   /* 中断边沿触发 */
12   #define HAL_KEY_SW_6_EDGEBIT BV( 0 )
13   #define HAL_KEY_SW_6_EDGE     HAL_KEY_FALLING_EDGE
14
15   /* SW_6 中断配置 */
16   #define HAL_KEY_SW_6_IEN     IEN1 /* CPU interrupt mask register */
17   #define HAL_KEY_SW_6_IENBIT   BV( 5 )/* Mask bit for all of Port_0 */
18   #define HAL_KEY_SW_6_ICTL    P0IEN /* Port Interrupt Control register */
19   #define HAL_KEY_SW_6_ICTLBIT BV( 1 )/* P0IEN - P0.1 enable/disable bit */
20   #define HAL_KEY_SW_6_PXIFG   P0IFG /* Interrupt flag at source */
21
```

（3）在 HAL/Target/Config 目录下的 hal_board_cfg.h 文件中,对按键进行了配置。注意:只有采用轮询方式响应按键,才可以使用以下代码配置按键输入端口。

```
1    #define ACTIVE_LOW        !
2    #define ACTIVE_HIGH       !!     /* double negation forces result to be '1' */
3    /* SW6 按键 */
4    #define PUSH1_BV        BV( 1 )
5    #define PUSH1_SBIT      P0_1
6    #if defined( HAL_BOARD_CC2530EB_REV17 )
```

```
7      #define PUSH1_POLARITY    ACTIVE_HIGH
8    #elif defined（HAL_BOARD_CC2530EB_REV13）
9      #define PUSH1_POLARITY    ACTIVE_LOW
10   #else
11     #error Unknown Board Indentified
12   #endif
13
```

2）Z-Stack 的按键初始化代码分析

（1）HalDriverInit 函数分析。

Z-Stack 协议栈中有关硬件初始化的代码都是集中在 HalDriverInit（ ）函数中，如定时器、ADC、DMA、KEY 等硬件初始化都在该函数中。HalDriverInit（ ）函数是在 main（ ）函数中被调用的，在 HAL/Common 目录下的 hal_drivers.c 中定义的。HalDriverInit（ ）函数的相关代码如下。

```
1     void HalDriverInit（void）
2     {
3       /* TIMER */
4     #if（defined HAL_TIMER）&&（HAL_TIMER == TRUE）
5       #error "The hal timer driver module is removed."
6     #endif
7
8       /* ADC */
9     #if（defined HAL_ADC）&&（HAL_ADC == TRUE）
10      HalAdcInit（ );
11    #endif
12
13      /* DMA */
14    #if（defined HAL_DMA）&&（HAL_DMA == TRUE）
15      // Must be called before the init call to any module that uses DMA.
16      HalDmaInit（ );
17    #endif
18
19
20      /* KEY */
21    #if（defined HAL_KEY）&&（HAL_KEY == TRUE）
22      HalKeyInit（ );
```

```
23    #endif
24
25     /* SPI */
26    #if( defined HAL_SPI )&&( HAL_SPI == TRUE )
27     HalSpiInit( );
28    #endif
29
30     }
31
```

按键的初始化是在条件满足的情况下才编译的。除此之外,使用摇杆时还要确保 HAL_ADC 为真,即 Z-stack 协议栈使用 A/D 采集。在 HAL/Target/CC2530EB/config 目录下的 hal_board_cfg.h 中有如下代码。

```
1    #ifndef HAL_ADC
2    #define HAL_ADC TRUE
3    #endif
4    #ifndef HAL_KEY
5    #define HAL_KEY TRUE
6    #endif
```

在上面的 HalDriverInit 函数中,可以看到按键的初始化是通过调用 HalKeyInit 函数来实现。

（2）HalKeyInit 函数代码分析。

```
1     void HalKeyInit( void )
2     {
3      /* 初始化按键为 0 */
4      halKeySavedKeys = 0;
5
6      HAL_KEY_SW_6_SEL &= ~( HAL_KEY_SW_6_BIT );   /* 设定引脚为通用 I/O*/
7      HAL_KEY_SW_6_DIR &= ~( HAL_KEY_SW_6_BIT );    /* 设定引脚为输入 */
8
9      HAL_KEY_JOY_MOVE_SEL &= ~( HAL_KEY_JOY_MOVE_BIT ); /* 设定引脚为
      通用 I/O*/
10      HAL_KEY_JOY_MOVE_DIR &= ~( HAL_KEY_JOY_MOVE_BIT ); /* 设定引脚为
      输入 */
11
12
```

```
13      /* 初始化按键回调函数为空 */
14      pHalKeyProcessFunction = NULL;
15
16      /* 初始化后,按键标识为没有配置 */
17      HalKeyConfigured = FALSE;
18    }
```

在该函数中,有三个全局变量:第 1 个是 halKeySavedKeys,用来保存按键的值,初始化时将其初始化为 0;第 2 个是 pHalKeyProcessFunction,它是指向按键处理函数的指针,当有按键响应时,则调用按键处理函数,并对某按键进行处理,初始化时将其初始化为 NULL,在按键配置函数中对其进行配置;第 3 个是 HalKeyConfigured,用来标识按键是否被配置,初始化时没有配置按键,所以将其初始化为 FALSE。

3)按键的配置

(1)InitBoard(uint8 level)函数分析。

按键的配置函数在板载初始化函数 InitBoard(uint8 level)中被调用,而板载初始化函数在 main 函数中被调用。

```
1     void InitBoard( uint8 level )
2     {
3       if( level == OB_COLD )
4       {
5         // IAR does not zero-out this byte below the XSTACK.
6       *( uint8 * )0x0 = 0;
7         // Interrupts off
8         osal_int_disable( INTS_ALL );
9         // Check for Brown-Out reset
10        ChkReset( );
11      }
12      else  // ! OB_COLD
13      {
14        /* Initialize Key stuff */
15        HalKeyConfig( HAL_KEY_INTERRUPT_DISABLE, OnBoard_KeyCallback );
16      }
17    }
```

程序分析:InitBoard 函数在 main 函数中被调用两次,第 1 次函数调用时入参为 OB_COLD,第 2 次函数调用时入参为 OB_READY。调用 HalKeyConfig(HAL_KEY_INTERRUPT_DIS-ABLE, OnBoard_KeyCallback)函数,对按键进行配置,可以看到默认情况下按键配置函数

HalKeyConfig( )的第一个参数为 HAL_KEY_INTERRUPT_DISABLE,即按键的处理方式
为轮询方式。按键的配置函数 HalKeyConfig( )代码如下。

```
1    void HalKeyConfig( bool interruptEnable, halKeyCBack_t cback )
2    {
3      //Hal_KeyIntEnable 为全局变量,缺省状态下为 FALSE,表明按键处理方式
4      Hal_KeyIntEnable = interruptEnable;
5      // 注册回调函数
6      pHalKeyProcessFunction = cback;
7
8      /* 判断是中断还是轮询方式 */
9      if( Hal_KeyIntEnable )          // 中断方式的处理
10     {
11       /* 清除触发方式位 */
12       PICTL &= ~( HAL_KEY_SW_6_EDGEBIT );
13       /* For falling edge, the bit must be set. */
14     #if( HAL_KEY_SW_6_EDGE == HAL_KEY_FALLING_EDGE )
15       PICTL |= HAL_KEY_SW_6_EDGEBIT;
16     #endif
17       // 中断相关配置
18       HAL_KEY_SW_6_ICTL |= HAL_KEY_SW_6_ICTLBIT;  // 使能端口中断寄存器
19       HAL_KEY_SW_6_IEN |= HAL_KEY_SW_6_IENBIT;     // 使能位中断
20       HAL_KEY_SW_6_PXIFG = ~( HAL_KEY_SW_6_BIT );  // 清除中断标志位
21
22     /* Clear the edge bit */
23       HAL_KEY_JOY_MOVE_ICTL &= ~( HAL_KEY_JOY_MOVE_EDGEBIT );
24     #if( HAL_KEY_JOY_MOVE_EDGE == HAL_KEY_FALLING_EDGE )
25       HAL_KEY_JOY_MOVE_ICTL |= HAL_KEY_JOY_MOVE_EDGEBIT;
26     #endif
27
28       /* Interrupt configuration:
29        * - Enable interrupt generation at the port
30        * - Enable CPU interrupt
31        * - Clear any pending interrupt
32        */
33       HAL_KEY_JOY_MOVE_ICTL |= HAL_KEY_JOY_MOVE_ICTLBIT;
34       HAL_KEY_JOY_MOVE_IEN |= HAL_KEY_JOY_MOVE_IENBIT;
```

```
35       HAL_KEY_JOY_MOVE_PXIFG = ~( HAL_KEY_JOY_MOVE_BIT );
36
37
38       /* Do this only after the hal_key is configured - to work with sleep
39        stuff */
40       if( HalKeyConfigured == TRUE )
41       {
42        osal_stop_timerEx( Hal_TaskID, HAL_KEY_EVENT );
43  /* Cancel polling if active */
44       }
45       }
46    else    /* 轮询方式的处理 */
47    {
48       /* don't generate interrupt */
49  HAL_KEY_SW_6_ICTL &= ~( HAL_KEY_SW_6_ICTLBIT );
50  /* Clear interrupt enable bit */
51  HAL_KEY_SW_6_IEN &= ~( HAL_KEY_SW_6_IENBIT );
52       // 向 HAL 任务设置事件位
53       osal_set_event( Hal_TaskID, HAL_KEY_EVENT );
54    }
55
56    /* 按键标志位为真 */
57    HalKeyConfigured = TRUE;
58  }
59
```

（2）HalKeyConfig 函数分析。

HalKeyConfig(bool interruptEnable, halKeyCBack_t cback)函数在 HAL\Target\Drivers 目录下的 hal_key.c 文件中定义。

轮询方式为按键的默认处理方式。在轮询方式完成后,调用函数 osal_set_event(Hal_TaskID, HAL_KEY_EVENT),触发事件 HAL_KEY_EVENT,其任务 ID 位 Hal_TaskID,检测到事件 HAL_KEY_EVENT,则调用相应的处理函数 Hal_ProcessEvent( )。

如果按键设置为中断方式,需要设置按键是上升沿还是下降沿触发,同时需要将按键对应的 I/O 口配置为允许中断,即中断允许。缺省状态下为上升沿触发。按键配置为中断状态时,在程序中没有定时触发 HAL_KEY_EVENT 的事件,而是交由中断函数处理,当有按键按下时中断函数就会捕获中断,然后调用按键的处理函数进一步进行相关处理。

4)Z-Stack 轮询方式的按键代码分析

（1）分析 Hal_ProcessEvent 函数。在按键初始化和配置之后，会触发 HAL_KEY_ EVENT 事件，OSAL 检测到该事件，则调用 HAL 层的事件处理函数 Hal_ProcessEvent,该函数在 HAL/common 目录下的 hal_drivers.c 文件中。

```
1     if( events & HAL_KEY_EVENT )
2      {
3
4    #if( defined HAL_KEY )&&( HAL_KEY == TRUE )
5      /* Check for keys */
6      HalKeyPoll( );
7
8      /* if interrupt disabled, do next polling */
9      if( ! Hal_KeyIntEnable )
10     {
11      osal_start_timerEx( Hal_TaskID, HAL_KEY_EVENT, 100 );
12     }
13   #endif // HAL_KEY
14
15     return events ^ HAL_KEY_EVENT;
16     }
```

由以上代码可以看出,处理 HAL_KEY_EVENT 事件时调用了函数 HalKeyPoll( ),函数 HalKeyPoll( )负责检测是否有按键按下。在 HalKeyPoll( )检测完按键后,由 if 语句判断按键是否以轮询方式处理,这里是以轮询方式处理按键,所以满足轮询的条件,即执行函数 osal_start_timeEx( )定时再次触发事件 HAL_KEY_EVENT,定时长度为 100 ms,由此定时触发事件 HAL_KEY_EVENT 完成对按键的定时轮询。

（2）HalKeyPoll 函数在 HAL/common 目录下的 hal_drivers.c 文件中,其作用是检测是否有按键按下,代码如下。

```
1     void HalKeyPoll( void )
2     {
3       uint8 keys = 0;
4     /* 摇杆按下,Key is active HIGH */
5       if(( HAL_KEY_JOY_MOVE_PORT & HAL_KEY_JOY_MOVE_BIT ))
6       {
7        keys = halGetJoyKeyInput( );          // 获得摇杆是哪个输入状态
8       }
```

```
9      /* 轮询方式下,通过对比前后按键的状态来判断是否有按键按下 */
10     if( ! Hal_KeyIntEnable )
11     {
12       if( keys == halKeySavedKeys )
13       {
14          /* 按键保存状态没有变化,直接返回 */
15          return;
16       }
17       /* Store the current keys for comparation next time */
18       halKeySavedKeys = keys;
19     }
20     else
21     {
22          /* 中断方式下按键处理 */
23     }
24
25     if( HAL_PUSH_BUTTON1( ))
26     {
27          keys |= HAL_KEY_SW_6;
28     }
29
30     /* Invoke Callback if new keys were depressed */
31     if( keys && ( pHalKeyProcessFunction ))
32     {
33       ( pHalKeyProcessFunction )( keys, HAL_KEY_STATE_NORMAL );
34     }
35   }
36
```

　　HalKeyPoll 对所有按键都进行了检测,首先判断是否是摇杆按下,如果是,则通过调用函数 halGetJoyInput( )获得摇杆的按键状态,在轮询方式下通过对比前后按键的状态是否相同,来判断是否有按键按下,如果没有,则返回不进行处理;如果有,则把按键状态赋值给全局变量 hal_KeySavedKeys,以便下次进行比较。接下来检测按键 1 是否被按下,如果按下,置位 keys 中相应位,最后当 keys 不为 0 并且在 HalKeyConfig( )中为按键配置了回调函数 OnBoard_KeyCalback( )时,即可用回调函数对按键进行处理。

　　(3)分析 OnBoard_KeyCalback(uint8 keys, uint8 state)函数,具体代码如下。

```
1    void OnBoard_KeyCallback（uint8 keys，uint8 state）
2    {
3      uint8 shift;
4      （void）state;
5
6      shift =（keys & HAL_KEY_SW_6）?  true : false;
7
8    if（OnBoard_SendKeys（keys，shift）! = ZSuccess）
9      {
10       // Process SW1 here
11       if（keys & HAL_KEY_SW_1）// Switch 1
12       {
13       }
14   // Process SW2 here
15       if（keys & HAL_KEY_SW_2）// Switch 2
16       {
17       }
18       // Process SW3 here
19       if（keys & HAL_KEY_SW_3）// Switch 3
20       {
21       }
22       // Process SW4 here
23       if（keys & HAL_KEY_SW_4）// Switch 4
24       {
25       }
26       // Process SW5 here
27       if（keys & HAL_KEY_SW_5）// Switch 5
28       {
29       }
30       // Process SW6 here
31       if（keys & HAL_KEY_SW_6）// Switch 6
32       {
33       }
34     }
35   }
```

需要注意的是，Z-stack 中将 SW6 看作是 "shift" 键，在 OnBoard_KeyCalback（）函数中

调用了 OnBoard_SendKeys( )进一步处理。OnBoard_SendKeys( )中将会将按键的值和按键的状态进行"打包"发送到注册过按键的那一层,然后可以编写 SW1 到 SW6 各按键的处理代码,Z-Stack 协议栈缺省条件下没有处理代码,按键处理代码需要用户添加。

（4）分析 OnBoard_SendKeys(uint8 keys, uint8 state)函数。

该函数在 ZMain 目录下的 OnBoard.c 文件中定义,其作用是将按键的值和按键的状态"打包"发送到注册过的按键层。

```
1    uint8 OnBoard_SendKeys( uint8 keys, uint8 state )
2    {
3        keyChange_t *msgPtr;
4    // 有任务注册,注意按键只能注册给一个任务
5        if( registeredKeysTaskID ！= NO_TASK_ID )
6        {
7            // 分配内存
8            msgPtr =( keyChange_t * )osal_msg_allocate( sizeof( keyChange_t ) );
9            if( msgPtr )
10        {
11            // 构造消息
12            msgPtr->hdr.event = KEY_CHANGE;
13            msgPtr->state = state;
14            msgPtr->keys = keys;
15            // 向注册的任务发送按键消息
16            osal_msg_send( registeredKeysTaskID, ( uint8 * )msgPtr );
17        }
18        return( ZSuccess );
19        }
20        else
21        return( ZFailure );
22    }
```

如果要使用按键则必须给按键注册,但按键只能注册给一个任务层,Z-stack 对按键信息进行打包处理,封装到信息包 msgPtr 中,将要触发的事件 KEY_CHANGE,按键的状态 state 和按键的值 keys 一并封装。然后调用 osal_msg_send( )将按键的信息发送到注册按键的应用层。按键注册函数代码如下。

```
1    uint8 RegisterForKeys( uint8 task_id )
2    {
3        // Allow only the first task
```

```
4    if( registeredKeysTaskID == NO_TASK_ID )
5    {
6      registeredKeysTaskID = task_id;
7      return( true );
8    }
9    else
10     return( false );
11 }
```

在上层应用工程中,在轮询按键的处理过程中, Z-stack 最终触发应用层的事件处理函数 KEY_CHANGE 事件,对按键进行处理。

5)中断方式按键处理

在按键配置函数 HalKeyconfig( )中将按键配置为中断方式后,使能按键对应的 I/O 引脚的中断,当发生按键的动作时,就会触发按键事件,从而调用端口的中断处理函数。P0 口中断处理函数在 HAL/Target/Drivers 目录下的 hal_key.c 中,其代码如下。

```
1    HAL_ISR_FUNCTION( halKeyPort2Isr, P2INT_VECTOR )
2    {
3      HAL_ENTER_ISR( );
4
5      if( HAL_KEY_JOY_MOVE_PXIFG & HAL_KEY_JOY_MOVE_BIT )
6      {
7        halProcessKeyInterrupt( );
8      }
9
10     /*
11     Clear the CPU interrupt flag for Port_2
12     PxIFG has to be cleared before PxIF
13     Notes: P2_1 and P2_2 are debug lines.
14     */
15     HAL_KEY_JOY_MOVE_PXIFG = 0;
16     HAL_KEY_CPU_PORT_2_IF = 0;
17
18     CLEAR_SLEEP_MODE( );
19     HAL_EXIT_ISR( );
20 }
```

在中断函数中调用了按键 halProcessKeyInterrupt( )对中断进行处理,且将 P0 口中断标志位清零。中断处理函数 halProcessKeyInterrupt（ ）代码如下。

```
1    void halProcessKeyInterrupt（void）
2    {
3      bool valid=FALSE;
4
5      if（HAL_KEY_SW_6_PXIFG & HAL_KEY_SW_6_BIT）  /* Interrupt Flag has been
6    set */
7      {
8        HAL_KEY_SW_6_PXIFG = ~（HAL_KEY_SW_6_BIT）; /* Clear Interrupt Flag */
9        valid = TRUE;
10     }
11
12     if（HAL_KEY_JOY_MOVE_PXIFG & HAL_KEY_JOY_MOVE_BIT）  /* Interrupt
13   Flag has been set */
14     {
15       HAL_KEY_JOY_MOVE_PXIFG = ~（HAL_KEY_JOY_MOVE_BIT）; /* Clear In-
16   terrupt Flag */
17       valid = TRUE;
18     }
19
20     if（valid）
21     {
22         osal_start_timerEx（Hal_TaskID，HAL_KEY_EVENT，HAL_KEY_DEBOUNCE_
23   VALUE）;
24     }
25   }
```

　　函数中局部变量 valid 标示了是否有按键按下，如果有则定时触发 HAL_KEY_EVENT
事件。在该函数中通过检测按键对应位的中断标志位是否为 1 来判断按键是否按下。
CC2530 的每个 I/O 口都可以产生中断，如果有按键按下则要将对应位的中断标志位清零，
同时将变量设置为 TRUE，从而触发 HAL_KEY_EVENT 事件对按键进行处理。

　　按键中断处理函数 halProcessKeyInterrupt（ ）中并没有读取按键的值，而是定时触发了
HAL_KEY_EVENT 事件，在处理 HAL_KEY_EVENT 事件时进行读取按键。定时时长
HAL_KEY_DEBOUNCE_VALUE 为 25 ms，功能是为按键消抖。

　　在 Z-stack 主循环中，检测到事件 HAL_KEY_EVENT，则调用对应的 HAL 层的事件处
理函数 Hal_ProcessEvent（ ），余下的过程与轮询方式就完全相同了。

【任务实施】

1. 打开已建立的工程修改按键驱动

1）修改按键引脚

```
1   #define PUSH1_BV        BV（2）   //BV（1）修改为 BV（2）
2   #define PUSH1_SBIT      P1_2     // 由 P0_1 修改为 P1_2
3   #if defined（HAL_BOARD_CC2530EB_REV17）
4     #define PUSH1_POLARITY   ACTIVE_LOW // 由 ACTIVE_HIGH 修改为 ACTIVE_
    //LOW
```

2）修改 HAL_KEY_SW_6、HAL_KEY_JOY 的 I/O 口位置和配套中断参数

```
1    #define HAL_KEY_CPU_PORT_0_IF P0IF
2    #define HAL_KEY_CPU_PORT_1_IF P1IF
3
4    /* SW_6 is at P1.2 */
5    #define HAL_KEY_SW_6_PORT   P1
6    #define HAL_KEY_SW_6_BIT    BV（2）
7    #define HAL_KEY_SW_6_SEL    P1SEL
8    #define HAL_KEY_SW_6_DIR    P1DIR
9
10   /* edge interrupt */
11   #define HAL_KEY_SW_6_EDGEBIT BV（1）
12   #define HAL_KEY_SW_6_EDGE    HAL_KEY_FALLING_EDGE
13
14
15   /* SW_6 interrupts */
16   #define HAL_KEY_SW_6_IEN     IEN2 /* CPU interrupt mask register */
17   #define HAL_KEY_SW_6_IENBIT  BV（4）/* Mask bit for all of Port_1 */
18   #define HAL_KEY_SW_6_ICTL    P1IEN /* Port Interrupt Control register */
19   #define HAL_KEY_SW_6_ICTLBIT BV（2）/* P1IEN - P1.2 enable/disable bit */
20   #define HAL_KEY_SW_6_PXIFG   P1IFG /* Interrupt flag at source */
21
22   /* Joy stick move at P0.1 */
23   #define HAL_KEY_JOY_MOVE_PORT  P0
24   #define HAL_KEY_JOY_MOVE_BIT   BV（1）
25   #define HAL_KEY_JOY_MOVE_SEL   P0SEL
26   #define HAL_KEY_JOY_MOVE_DIR   P0DIR
```

```
27
28    /* edge interrupt */
29    #define HAL_KEY_JOY_MOVE_EDGEBIT BV( 0 )
30    #define HAL_KEY_JOY_MOVE_EDGE    HAL_KEY_FALLING_EDGE
31
32    /* Joy move interrupts */
33    #define HAL_KEY_JOY_MOVE_IEN    IEN1  /* CPU interrupt mask register */
34    #define HAL_KEY_JOY_MOVE_IENBIT  BV( 5 )/* Mask bit for all of Port_1 */
35    #define HAL_KEY_JOY_MOVE_ICTL    P0IEN /* Port Interrupt Control
36    register */
37    #define HAL_KEY_JOY_MOVE_ICTLBIT BV( 1 )/* P0IEN - P0.0<->P0.7
38     enable/disable bit */
39    #define HAL_KEY_JOY_MOVE_PXIFG   P0IFG /* Interrupt flag at source */
40
41    #define HAL_KEY_JOY_CHN  HAL_ADC_CHANNEL_1
```

3）按键检测代码修改

修改 HalKeyPoll 函数，该函数主要用于检测按键是否按下。这里需要调整读取 HAL_KEY_SW_6 的键值的顺序，否则在轮询方式下检测不到按键。打开 Hal/Target/Drivers/hal_key.c 文件，找到 HalKeyPoll，将 34~37 代码移到第 10~14 行修改如下。

```
1     void HalKeyPoll( void )
2     {
3      uint8 keys = 0;
4
5      if (( HAL_KEY_JOY_MOVE_PORT & HAL_KEY_JOY_MOVE_BIT ))  /* Key is
active HIGH */
6      {
7       keys = halGetJoyKeyInput( );
8      }
9     // 新增代码
10     if( HAL_PUSH_BUTTON1( ))
11     {
12      keys |= HAL_KEY_SW_6;
13     }
14
15     /* If interrupts are not enabled, previous key status and current key status
```

```
16    * are compared to find out if a key has changed status.
17    */
18    if(！Hal_KeyIntEnable)
19    {
20      if( keys == halKeySavedKeys )
21      {
22      /* Exit - since no keys have changed */
23        return;
24      }
25      /* Store the current keys for comparation next time */
26      halKeySavedKeys = keys;
27    }
28    else
29    {
30      /* Key interrupt handled here */
31    }
32    /* 删除原有代码,将该部分代码提前 */
33    if( HAL_PUSH_BUTTON1( ) )
34    {
35      keys |= HAL_KEY_SW_6;
36    }
37    /* Invoke Callback if new keys were depressed */
38    if( keys && ( pHalKeyProcessFunction ) )
39    {
40      ( pHalKeyProcessFunction )( keys, HAL_KEY_STATE_NORMAL );
41    }
42  }
43
```

2. 修改 comm.h 头文件

在 comm.h 组中增加宏。分别增加组播 ID、组播名、增加灯光切换簇 ID 的宏。

```
1    // 组播组 ID
2    #define SAMPLEAPP_MULTICAST_GROUP_ID          0x0002
3    // 组播名称
4    #define MULTICAST_GROUP_NAME          "OffcieGroup"
5
```

```
6   #define SAMPLEAPP_MAX_CLUSTERS      5
7   #defineSAMPLEAPP_BODY_SENSOR_CLUSTERID 3/ 人体传感器簇 ID
8   #define SAMPLEAPP_AUTO_CTRL_LED_CLUSTERID 4 // 自动控制 LED 簇 ID
9   // 新增簇 ID
10  #define SAMPLEAPP_LIGHT_SWITCH_CLUSTERID  5 // 灯光切换簇 ID
```

3. 编写协调器节点代码

1）增加灯光切换命令的簇 ID

```
1   const cId_t SampleApp_ClusterList[SAMPLEAPP_MAX_CLUSTERS] =
2   {
3     SAMPLEAPP_PERIODIC_CLUSTERID,
4     SAMPLEAPP_FLASH_CLUSTERID,
5     SAMPLEAPP_BODY_SENSOR_CLUSTERID,   // 新增红外传感器簇 ID
6   SAMPLEAPP_LIGHT_SWITCH_CLUSTERID       // 新增
7   }
```

2）加入组播组代码修改

（1）头文件引用。

打开 Coordinator.c 文件, 在头文件引用地方增加 string.h 头文件。

```
1   …
2   #include "MT_UART.h"
3   #include <string.h>  // 新增头文件引用
```

（2）实现加入组播组功能。

增加加入组播组功能函数, 并在适当地方增加函数声明。

```
1    void SampleApp_AddMulti( uint8 endpoint, uint16 groupID, uint8 *groupName )
2    {
3      aps_Group_t SampleApp_Group;
4      SampleApp_Group.ID = groupID;
5      osal_memcpy( SampleApp_Group.name,
6    groupName,
7    strlen(( const char * )groupName ) );
8      aps_AddGroup( endpoint, &SampleApp_Group );
9    }
10
```

（3）调用加入组播组代码。

在 Coordinator.c 文件中找到 SampleApp_Init( )函数, 在该函数末尾处调用 SampleApp_

AddMulti 实现加入组播组的功能。

```
1    void SampleApp_Init( uint8 task_id )
2    {
3     SampleApp_TaskID = task_id;
4     SampleApp_NwkState = DEV_INIT;
5     SampleApp_TransID = 0;
6
7     …
8    #if defined( LCD_SUPPORTED )
9     HalLcdWriteString( ″SampleApp″, HAL_LCD_LINE_1 );
10   #endif
11   SampleApp_AddMulti( SAMPLEAPP_ENDPOINT,
12   SAMPLEAPP_MULTICAST_GROUP_ID,
13   ( uint8 * )MULTICAST_GROUP_NAME );
14   }
```

（4）按键事件处理函数代码分析与修改。

在 SampleAPP 工程中的轮询按键处理过程中，Z-STACK 最终触发了 SampleApp 应用层的事件处理函数 KEY_CHANGE 事件。代码如下所示。

```
1    uint16 SampleApp_ProcessEvent( uint8 task_id, uint16 events )
2    {
3     afIncomingMSGPacket_t *MSGpkt;
4     ( void )task_id; // Intentionally unreferenced parameter
5
6     if( events & SYS_EVENT_MSG )
7     {
8      MSGpkt=( afIncomingMSGPacket_t* )osal_msg_receive( SampleApp_TaskID );
9      while( MSGpkt )
10     {
11      switch( MSGpkt->hdr.event )
12      {
13       //处理按键消息
14       case KEY_CHANGE:
15         SampleApp_HandleKeys((( keyChange_t* )MSGpkt )->state,
16   (( keyChange_t * )MSGpkt )->keys );
17           break;
```

```
18    }
19    }
20    …
21    }
```

在处理按键事件时调用了应用层按键处理函数 Sample_HandleKeys( )对按键进行了进一步的处理,在这里增加对 SW_6(即 P1_2)的处理。

```
1    void SampleApp_HandleKeys( uint8 shift, uint8 keys )
2    {
3    ( void )shift; // Intentionally unreferenced parameter
4
5    …
6    // 增加对 SW_6( 即 P1_2 )的处理,向路由节点通过组播方式发送
7    if( keys & HAL_KEY_SW_6 )
8    {
9        SampleApp_SendLightSwitchCmd( );
10    }
11    }
```

SampleApp_SendLightSwitchCmd 为新增函数,实现以组播方式发送报文,调用 AF_DataRequest 发送数据,目的地址为组播地址。函数如下所示。

```
1    uint8 LightFlag=0;
2    void SampleApp_SendLightSwitchCmd( void )
3    {
4     LightFlag =~ LightFlag;
5    afAddrType_t SampleApp_MultiDstAddr;
6     SampleApp_MultiDstAddr.addrMode = ( afAddrMode_t )afAddrGroup;
7     SampleApp_MultiDstAddr.endPoint = SAMPLEAPP_ENDPOINT;
8      SampleApp_MultiDstAddr.addr.shortAddr  =SAMPLEAPP_MULTICAST_GROUP_
9    ID;
10    if( AF_DataRequest( &SampleApp_MultiDstAddr,
11    &SampleApp_epDesc,
12             SAMPLEAPP_LIGHT_SWITCH_CLUSTERID,
13             1,
14             &LightFlag,
15             &SampleApp_TransID,
16             AF_DISCV_ROUTE,
```

```
17              AF_DEFAULT_RADIUS ) == afStatus_SUCCESS )
18       {
19       }
20       else
21       {
22         // Error occurred in request to send.
23       }
24     }
```

同时在 Coordinator.c 文件中增加 SampleApp_SendLightSwitchCmd 函数声明。

4. 编写路由器节点代码

打开文件保存到项目目录下的 "Projects\zstack\Samples\SampleApp\Source" 路径,复制 EndDevice.c 为 Router.c,将 Router.c 文件添加到 SampleApp 工程中,右键单击工程名(SampleApp CoordinatorEB),在弹出的下拉菜单中选择 Add,然后选择 Add Files,选择新建的 Router.c 文件,并对 Router.c 代码进行修改。

(1)注释 BODY_SENSOR 宏定义,在 BODY_SENSOR 增加双斜杠。

　　//#define　BODY_SENSOR　　// 人体感应传感器

(2)增加灯光切换命令的簇 ID。

```
1   const cId_t SampleApp_ClusterList[SAMPLEAPP_MAX_CLUSTERS] =
2   {
3       SAMPLEAPP_PERIODIC_CLUSTERID,
4       SAMPLEAPP_FLASH_CLUSTERID,
5       SAMPLEAPP_BODY_SENSOR_CLUSTERID,
6       SAMPLEAPP_LIGHT_SWITCH_CLUSTERID   // 新增灯光切换命令簇 ID
7   }
```

(3)加入组播组。可以参考协调器加入组播组方法。

(4)无线事件处理。首先删除自动灯光控制簇 ID 的处理,然后增加灯光切换簇 ID 的处理。

```
1     void SampleApp_MessageMSGCB( afIncomingMSGPacket_t *pkt )
2     {
3       uint16 flashTime;
4
5       switch( pkt->clusterId )
6       {
7       case SAMPLEAPP_PERIODIC_CLUSTERID:
8         break;
```

```
9
10      case SAMPLEAPP_FLASH_CLUSTERID:
11      flashTime = BUILD_UINT16( pkt->cmd.Data[1], pkt->cmd.Data[2] );
12      HalLedBlink( HAL_LED_4, 4, 50, ( flashTime / 4 ) );
13      break;
14    // 删除自动控制 LED 灯的无效代码
15          case SAMPLEAPP_AUTO_CTRL_LED_CLUSTERID:
16          {
17      if( 0x31 == ( pkt->cmd.Data[0] ) )
18      {
19
20                  HalLedSet( HAL_LED_2, HAL_LED_MODE_ON );
21              }
22              else if( 0x30 == ( pkt->cmd.Data[0] ) )// 关灯
23      {
24      HalLedSet( HAL_LED_2, HAL_LED_MODE_OFF );
25          }
26              break;
27          }
28    // 新增接收组播消息控制 LED 灯亮灭代码
29          case SAMPLEAPP_LIGHT_SWITCH_CLUSTERID:
30      if(( pkt->cmd.Data )! = 0 )
31    {
32      HAL_TURN_ON_LED1( );
33      }
34      else
35      {
36      HAL_TURN_OFF_LED1( );
37      }
        break;
        }
    }
```

5. 模块编译、链接与下载

1) 协调器模块

将 Zigbee 模块固定在 NEWLab 平台，在 Workspace 栏下选择 "CoordinatorEB" 模块，选择 "Router.c" 单击右键，选择 "Options"，在弹出的对话框中勾选 "Exclude from build" 复选

框,然后单击"OK"按钮。重新编译程序无误后,给 NEWLab 平台上电,下载协调器程序。

2)终端模块

将 ZigBee 模块固定在 NEWLab 平台,在 Workspace 栏下选择"EndDeviceEB"模块,选择"Router.c"单击右键,选择"Options",在弹出的对话框中勾选"Exclude from build"复选框,然后单击"OK"按钮。重新编译程序无误后,给 NEWLab 平台上电,下载终端程序。

3)路由模块

将 ZigBee 模块固定在 NEWLab 平台,在 Workspace 栏下选择"RouterEB"模块,选择"coordinator.c"单击右键,选择"Options",在弹出的对话框中勾选"Exclude from build"复选框,然后单击"OK"按钮。选择"EndDevice.c"单击右键,选择"Options",在弹出的对话框中"Exclude from build"复选框,然后单击"OK"按钮。重新编译程序无误后,给 NEWLab 平台上电,下载终端程序。

6. 程序运行

在协调器节点按下 SW1 键,路由节点收到数据后,则使各自节点的 LED2 切换亮 / 灭状态。程序运行效果如图 5-23 所示。

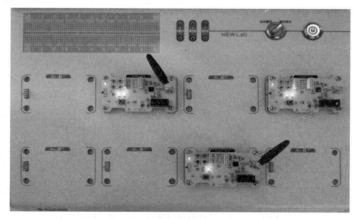

图 5-23　办公区灯光控制系统运行效果

5.3.5　任务 5:办公区温度控制系统实现

【任务要求】

根据任务需求采用温度传感器模块和 ZigBee 模块组成一个模拟量节点模拟办公区室内温度数据采集,并将采集数据通过无线传输至协调器。协调器接收到数据后,和阈值进行比较,如果高于阈值,则向计算机端串口调试助手发送"请注意温度过高!!!"

【必备知识】

串口是一种开发板和用户计算机交互常用的通信工具,正确使用串口对于 ZigBee 无线网络的学习具有较大的促进作用,使用串口的基本步骤如下:

(1)初始化串口,包括设置波特率、中断等;

(2)向发送缓冲区发送数据或者从接收缓冲区读取数据。

上述方法是使用串口的常用方法,但是由于 ZigBee 协议栈的存在,使得串口的使用略有不同,在 ZigBee 协议栈中已经对串口初始化所需要的函数进行了实现,用户只需要传递几个参数就可以使用串口,此外,ZigBee 协议栈还实现了串口的读取函数与写入函数。

因此,用户在使用串口时,只需要掌握 ZigBee 协议栈提供的与串口操作相关的三个函数即可。ZigBee 协议栈中提供的与串口操作相关的三个函数如下。

```
1   uint8 HalUARTOpen( uint8 port, HALUARTcfg_t *config )
2   uint16 HALUARTRead( uint8 port, uint8 *buf, uint16 len )
3   uintl6 HalUARTWrite( uint8 port, uint8* buf, uin_16 len ).
```

ZigBee 协议栈中串口通信的配置使用一个结构体来实现,该结构体为 hal_UARTCfg_t,不必关心该结构体的具体定义形式,只需要对其功能有个了解,该结构体将串口初始化的参数集合在一起,只需要初始化各个参数即可最后使用 HalUARTOpen 函数对串口进行初始化。

【任务实施】

1. 打开已建立的工程

打开 5.3.4 中创建的工程。

2. 公共头文件 comm.h 编程

新增簇 ID 宏定义,该宏定义是协调器区分接收到不同的无线消息的标志。打开 comm.h 头文件,新增温湿度传感器数据采集事件,该事件值为 5,新增温湿度传感器向协调器发送数据的定时时长,时长为 2000(2 s)。

```
1    #define SAMPLEAPP_PERIODIC_CLUSTERID      1
2    #define SAMPLEAPP_FLASH_CLUSTERID         2
3
4    #define SAMPLEAPP_MAX_CLUSTERS        6
5    #defineSAMPLEAPP_BODY_SENSOR_CLUSTERID 3/ 人体传感器簇 ID
6    #define SAMPLEAPP_AUTO_CTRL_LED_CLUSTERID 4 // 自动控制 LED 簇 ID
7    // 新增簇 ID
8    #define SAMPLEAPP_TEMP_SENSOR_CLUSTERID 6 // 温湿度传感器簇 ID
9    // 温湿度传感器采集数据时长
10   #define TEMP_SENSOR_SEND_PERIODIC_MSG_TIMEOUT      2000
```

3. 终端节点编程

1)新增宏定义

(1)新增头文件引用,该头文件定义了获取温湿度的接口函数。

```
1   #include "sh10.h"
```

(2)增加温湿度感应传感器代码预编译选项。

```
1   #define  TEM_SENSOR              // 温湿度传感器
```

（3）增加温湿度传感器簇 ID。

```
1  const cId_t SampleApp_ClusterList[SAMPLEAPP_MAX_CLUSTERS] =
2  {
3    SAMPLEAPP_PERIODIC_CLUSTERID,
4    SAMPLEAPP_FLASH_CLUSTERID,
5    SAMPLEAPP_BODY_SENSOR_CLUSTERID,   // 新增红外传感器簇 ID
6    SAMPLEAPP_LIGHT_SWITCH_CLUSTERID,  // 新增灯光切换簇 ID
7    SAMPLEAPP_TEMP_SENSOR_CLUSTERID    // 新增温湿度传感器簇 ID
   }
```

2）事件处理函数

在 SampleApp_ProcessEvent 事件处理函数中，新增温湿度数据采集代码处理，当温湿度节点终端节点加入网络时，启动数据采集定时器，第一个参数为自己的任务 ID，第二个参数为温湿度传感器采集事件 SENSOR_SEND_PERIODIC_MSG_EVT，第三个参数为定时器时长（2 s）。修改后的代码如下所示。

```
1   case ZDO_STATE_CHANGE:
2     SampleApp_NwkState =( devStates_t )( MSGpkt->hdr.status );
3
4     if(( SampleApp_NwkState == DEV_ROUTER )||( SampleApp_NwkState == DEV_
    END_DEVICE ))
5     {
6       // 如果设备入网成功，终端节点 LED2 灯闪烁
7       HalLedBlink( HAL_LED_2, 0, 50, 500 );
8       …
9       #ifdef TEM_SENSOR
10      osal_start_timerEx( SampleApp_TaskID,
11                    SENSOR_SEND_PERIODIC_MSG_EVT,
12                    TEMP_SENSOR_SEND_PERIODIC_MSG_TIMEOUT );
13      #endif
14    }
15
16    break;
```

当任务接收到 SENSOR_SEND_PERIODIC_MSG_EVT 事件后，执行事件处理函数。首先调用 SampleApp_Send_Data_to_Coordinator 函数向协调器发送温湿度报文，然后再次启动定时器，为了避免信道冲突，定时时长在 2 s 基础上有偏移。

```
1   if( events & SENSOR_SEND_PERIODIC_MSG_EVT )
2   {
3       // 向协调器发送采集数据
4       SampleApp_Send_Data_to_Coordinator( );
5       …
6       // 新增代码,启动温湿度采集定时器
7       #ifdef TEM_SENSOR
8       osal_start_timerEx( SampleApp_TaskID,
9           SENSOR_SEND_PERIODIC_MSG_EVT,
10          TEMP_SENSOR_SEND_PERIODIC_MSG_TIMEOUT+  ( osal_rand( )  &
    0x00FF ) );
11  #endif
12  // 返回未处理的事件
13  return( events ^ SENSOR_SEND_PERIODIC_MSG_EVT );
14  }
```

在 SampleApp_Send_Data_to_Coordinator 函数中新增温湿度数据采集,代码如下所示。

```
1   void SampleApp_Send_Data_to_Coordinator( void )
2   {
3       ZStatus_t ucRet = 0;
4       byte state;
5       // 新增变量,用于存放温湿度数据
6       uint16 sensor_val , sensor_tem;
7       uint8 tem_data[4];
8       // 发送地址
9       afAddrType_t SampleApp_Coordinator_DstAddr;
10      SampleApp_Coordinator_DstAddr.addrMode=( afAddrMode_t )afAddr16Bit;
11      SampleApp_Coordinator_DstAddr.endPoint =SAMPLEAPP_ENDPOINT;
12      SampleApp_Coordinator_DstAddr.addr.shortAddr = 0x00;
13      …
14      // 新增温湿度采集代码,通过 TEM_SENSOR 编译选项决定是否启用该功能
15      #ifdef TEM_SENSOR
16      call_sht11( &sensor_tem,&sensor_val );
17      tem_data[1] =( uint8 )( sensor_tem & 0x00FF );
18      tem_data[0] =( uint8 )(( sensor_tem & 0xFF00 )>>8 );
19      tem_data[3] =( uint8 )( sensor_val & 0x00FF );
```

```
20      tem_data[2] =( uint8  )(( sensor_val & 0xFF00 )>> 8 );
21
22      ucRet =AF_DataRequest( &SampleApp_Coordinator_DstAddr,
23                      ( endPointDesc_t * )&SampleApp_epDesc,
24                      SAMPLEAPP_TEMP_SENSOR_CLUSTERID,
25                      4,
26                      tem_data,
27                      &SampleApp_TransID,
28                      AF_DISCV_ROUTE,
29                      AF_DEFAULT_RADIUS );
30      if( afStatus_SUCCESS == ucRet )
31
32    {
33      ;
34
35    }
36    else
37    {
38        ;
39    }
40
41    #endif
42  }
```

4．协调器节点编程

1）温度阈值接收

（1）修改串口相关配置，打开 MT/MT_UART.h 头文件，不启用流量控制，因此将流量控制的宏修改为 FALSE，同时将波特率的宏修改为 38 400，修改后的代码如下所示。

```
1  #if ! defined( MT_UART_DEFAULT_OVERFLOW  )
2    #define MT_UART_DEFAULT_OVERFLOW      FALSE
3  #endif
4
5  #if ! defined MT_UART_DEFAULT_BAUDRATE
6  #define MT_UART_DEFAULT_BAUDRATE      HAL_UART_BR_38400
7  #endif
```

（2）头文件引用。由于需要标准库函数，所以在 Coordinator.c 文件增加标准库文件引用。

```
1    #include <stdlib.h>
```

（3）全局变量定义，增加温度阈值的变量。

```
1    uint16  g_TempThreshold = 0；  //增加温度阈值变量定义
```

（4）修改 Coordinator.c 文件，在该文件结尾增加新任务初始化函数和事件处理函数代码。

```
unsigned char buf[10];
byte AddTask_ID;  //增加任务 ID
#define AddTask_ev1   0x0001  //增加事件 1
/********************************************************
 * 函数名称:Addtask_Init
 *功   能:Addtask_Init 的初始化函数。
 * 入口参数:task_id 由 OSAL 分配的任务 ID。该 ID 被用来发送消息和设定定时
 *      器。
 * 出口参数:无
 * 返 回 值:无
 ********************************************************/
void AddTask_Init( uint8 task_id )
{
    AddTask_ID=task_id;
    osal_set_event( AddTask_ID,AddTask_ev1 );//设置任务的事件标志 1
}
/********************************************************
 * 函数名称:AddTask_Event
 *功   能:AddTask_Event 的任务事件处理函数,将接收到的阈值保存在全局变量中
 * 入口参数:task_id 由 OSAL 分配的任务 ID。
 *      events  准备处理的事件。该变量是一个位图,可包含多个事件。
 * 出口参数:无
 * 返 回 值:尚未处理的事件。
 ********************************************************/
UINT16 AddTask_Event( uint8 task_id,UINT16 events )
{
( void )task_id;

    if( events & AddTask_ev1 )    //事件 1
```

```
    {

        len = Hal_UART_RxBufLen( MT_UART_DEFAULT_PORT );
        // 如果串口有收到数据,进行处理
        if( len > 0 )
        {
            HalUARTRead( 0, buf, 2 );
            // 从串口接收阈值,并将字符转换成整数
            g_TempThreshold = atoi( buf );
        }

        // 再次向自己的任务写入 AddTask_ev1 事件
        osal_set_event( AddTask_ID, AddTask_ev1 );
        return ( events ^ AddTask_ev1 );    // 清除事件标志位
    }
    return 0;
}
```

（5）修改 comm.h 文件。

在该头文件中增加新任务初始化和事件处理函数声明,代码如下所示。

```
extern void AddTask_Init( uint8 task_id );  // 新任务初始化函数
// 新任务事件处理函数
extern uint16 AddTask_Event( uint8 task_id, UINT16 events );
```

（6）打开 OSAL_SampleApp.c 文件,在任务初始化函数 osalInitTasks 中增加新增任务初始化函数的调用,为新任务分配任务 ID。

```
void osalInitTasks( void )
{
    uint8 taskID = 0;

    tasksEvents =( uint16 * )osal_mem_alloc( sizeof( uint16 )* tasksCnt );
    osal_memset( tasksEvents, 0, ( sizeof( uint16 )* tasksCnt ));
    …
    macTaskInit( taskID++ );
    nwk_init( taskID++ );
    Hal_Init( taskID++ );
    SampleApp_Init( taskID++ );  // 这里 taskID 需要加 1
#ifdef TEMP_THREASH_TASK
    AddTask_Init( taskID );        // 新增初始化函数代码
#endif
}
```

（7）打开 OSAL_SampleApp.c 文件,在任务数组 const pTaskEventHandlerFn tasksArr[]中增加应用层任务处理函数 AddTask_Event。

```
const pTaskEventHandlerFn tasksArr[] = {
    macEventLoop,             // MAC 层任务处理函数
    nwk_event_loop,           // 网络层任务处理函数
    Hal_ProcessEvent,         // 硬件抽象层任务处理函数
    …
    SampleApp_ProcessEvent,   // 用户应用层任务处理函数,由用户自己编写
#ifdef TEMP_THREASH_TASK
    AddTask_Event             // 增加用户应用层任务处理函数
#endif
};
```

（8）增加 TEMP_THREASH_TASK 编译选项。

2）串口数据接收

（1）打开 Coordinator.c 文件,增加温湿度传感器簇 ID。

```
1   const cId_t SampleApp_ClusterList[SAMPLEAPP_MAX_CLUSTERS] =
2   {
3     SAMPLEAPP_PERIODIC_CLUSTERID,
4     SAMPLEAPP_FLASH_CLUSTERID,
5     SAMPLEAPP_BODY_SENSOR_CLUSTERID,  // 红外传感器簇 ID
6     SAMPLEAPP_AUTO_CTRL_LED_CLUSTERID,  // 自动控制 LED 灯簇 ID
7     SAMPLEAPP_LIGHT_SWITCH_CLUSTERID,
8     SAMPLEAPP_TEMP_SENSOR_CLUSTERID    // 新增温度传感器簇 ID
    }
```

（2）修改无线数据事件处理函数代码。

在 SampleApp_ProcessEvent 事件处理函数中，接收到无线数据后，会调用 SampleApp_ MessageMSGCB 处理无线消息，在该函数中增加对 SAMPLEAPP_TEMP_SENSOR_ CLUSTERID 簇 ID 的处理。

```
1    void SampleApp_MessageMSGCB( afIncomingMSGPacket_t *pkt )
2    {
3      uint16 flashTime;
4
5      switch( pkt->clusterId )
6      {
7       case SAMPLEAPP_PERIODIC_CLUSTERID:
8         break;
9
10      case SAMPLEAPP_FLASH_CLUSTERID:
11        flashTime = BUILD_UINT16( pkt->cmd.Data[1], pkt->cmd.Data[2] );
12        HalLedBlink( HAL_LED_4, 4, 50, ( flashTime / 4 ) );
13        break;
14          ...
15      case SAMPLEAPP_TEMP_SENSOR_CLUSTERID:
16      {
17              uint16 sensor_val;
18              uint8 data_val[4];
19
20              sensor_val = ( pkt->cmd.Data[0]<<8 )| pkt->cmd.Data[1];
21              data_val[0] = 0x30 + sensor_val/100;
22              data_val[1] = 0x30 + sensor_val%100/10;
```

```
23              data_val[2] = '.';
24              data_val[3] = 0x30 + sensor_val%10;
25              HalUARTWrite( 0," 温度:",6 );
26              HalUARTWrite( 0,data_val,4 );
27              HalUARTWrite( 0,"℃ \r\n",4 );
28              if( sensor_val/10 > g_TempThreshold )
29            {
30                HalUARTWrite( 0," 请注意温度过高!! ",17 );
31                HalUARTWrite( 0,"\r\n",2 );
32            }
33              sensor_val =( pkt->cmd.Data[2]<<8 )| pkt->cmd.Data[3];
34              data_val[0] = 0x30 + sensor_val/100;
35              data_val[1] = 0x30 + sensor_val%100/10;
36              data_val[2] = '.';
37              data_val[3] = 0x30 + sensor_val%10;
38              data_val[4] = '%';
39              HalUARTWrite( 0," 湿度:",6 );
40              HalUARTWrite( 0,data_val,5 );
41              HalUARTWrite( 0,"\r\n",2 );
42              break;
43
44          }
45      }
46 }
```

5. 模块编译与下载

1）协调器模块

将 ZigBee 模块固定在 NEWLab 平台,在 Workspace 栏下选择"CoordinatorEB"模块,重新编译程序无误后,给 NEWLab 平台上电,下载协调器程序。

2）终端模块

将 ZigBee 模块固定在 NEWLab 平台,在 Workspace 栏下选择"EndDeviceEB"模块,重新编译程序无误后,给 NEWLab 平台上电,下载终端程序。

6. 程序运行

搭建的组网如图 5-24 所示。打开串口调试助手,设置波特率为 38 400,然后单击"打开串口"按钮,温湿度节点会定时采集温湿度值,并将采集的数据发送到串口调试助手上。在串口调试窗口中输入温度阈值,单击发送按钮将阈值发送到协调器节点。如果当前温度大于设置的阈值,串口调试助手上将显示"请注意温度过高!!!",如图 5-25 所示。

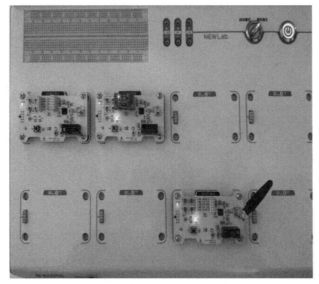

图 5-24　办公区温度控制系统组网图

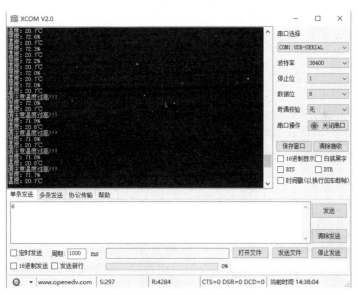

图 5-25　上位机运行效果图

5.4　本章总结

本章通过"智能灯光控制系统",逐步讲解 ZigBee 技术的基本知识和基于 Z-Stack 协议栈无线通信技术的基本应用。通过本章的学习,能够组建 ZigBee 无线传感器网络,实现无线传感器数据采集以及远程灯光控制等功能。

5.5　习题

一、选择题

1. ZigBee 是在(　　　)标准基础上建立的。

A.IEEE 802.15.4　　　　　　　　　　B.IEEE 802.11.4

C.IEEE 802.12.4　　　　　　　　　　D.IEEE 802.13.4

2. ZigBee 的频带,(　　　)传输速率为 250 Kbps,全球通用。

A.868 MHz　　　　B.915 MHz　　　　C.2.4 GHz　　　　D.2.5 GHz

3. ZigBee 网络拓扑类型不包括(　　　)。

A. 星形　　　　　　B. 网状　　　　　　C. 环形　　　　　　D. 树形

4. ZigBee 的频带,(　　　)传输速率为 20 Kbps,适用于欧洲。

A.868 MHz　　　　B.915 MHz　　　　C.2.4 GHz　　　　D.2.5 GHz

5. ZigBee 的频带,(　　　)传输速率为 40 Kbps,适用于美国。

A.868 MHz　　　　B.915 MHz　　　　C.2.4 GHz　　　　D.2.5 GHz

6.(　　　)负责启动整个网络。它也是网络的第一个设备。协调器选择一个信道和一个网络 PAN ID,随后启动整个网络。

A. 网络协调器　　　　　　　　B. 终端节点

C. 精简功能设备　　　　　　　D. 路由器

7. Z-Stack 协议栈由物理层、介质访问控制层、网络层和(　　　)组成。

A. 应用层　　　　　　　　　　B. 硬件层

C. 数据接收层　　　　　　　　D. 数据发送层

8. 在 ZigBee 网络中存在三种设备类型:协调器、路由器和终端设备,但是在 ZigBee 网络中只能有一个(　　　),可以有多个(　　　)和多个(　　　)。

A. 路由器、协调器、终端　　　　　　B. 协调器、终端、路由器

C. 路由器、终端、协调器　　　　　　D. 终端、路由器、协调器

9. AF_INCOMING_MSG_CMD 是(　　　)事件。

A. 收到了一个新的无线数据事件

B. 表示当网络状态发生变化

C. 表示按键事件

D. 表示每一个注册的 ZDO 响应消息

10. 关于事件 ZDO_STATE_CHANGE 描述的不正确的是(　　　)。

A. 协调器建立网络时,该事件不会有效

B. 节点网络状态改变时,该事件有效

C. 节点可以利用该事件进行应用程序初始化或启动周期事件

D. 协调器可以利用该事件进行应用程序初始化或启动周期事件

11. 若要使 LED1 闪烁,应该选择(　　　)函数。

A. HAL_TOGGLE_LED1(　)

B. HalLedSet(HAL_LED_1, HAL_LED_MODE_OFF)

C. HAL_TURN_ON_LED1(　)

D. HalLedBlink(HAL_LED_1, 0, 50, 500)

12. 对代码 Point_To_Point_DstAddr.addrMode =(afAddrMode_t)afAddr16Bit;描述正确的是(　　　)。

A. 组播方式　　　　B. 单播方式　　　C. 广播方式　　　D. 任播方式

13. 关于按键轮询函数 HalKeyPoll,以下描述正确的是(　　　)。

A. 采用轮询的按键接口,才调用该函数

B. 采用中断的按键接口,才调用该函数

C. 轮询和中断两种按键接口都调用该函数

D. 该函数是在按键回调函数中被调用的

二、综合实践题

1. 分析按键回调函数工作机制。

2. 协调器通过串口向终端发送控制命令,发送 1 则终端 1 的 LED1 灯开启;发送 2 则终端 2 的 LED1 灯开启;发送 0,则两个终端都将 LED1 灯关。

3. 采用 ZigBee 模块、温湿度传感器、光照传感器以及步进电机、继电器等模块,构成 ZigBee 无线传感器网络,通过自定义协议实现终端节点和协调器之间的通信,从而实现传感器数据采集和远程控制功能。

第6章 Wi-Fi 无线通信应用

NEWLab 实验套件中的 Wi-Fi 模块采用 AR6302 无线芯片,通过安全数字输入输出卡 (Secure Digital Input and Output, SDIO)接口进行数据通信。通过配套的 ARM(Advanced RISC Machine)核心模块,可以利用 Wi-Fi 模块实现无线通信功能。

知识目标

- 了解 Wi-Fi 基础知识。
- 了解继电器工作原理。
- 了解温度传感器工作原理。
- 理解 socket 的工作原理。

技能目标

- 通过实验学会使用 Wi-Fi 控制风扇和电灯。
- 通过实验学会使用 Wi-Fi 获取温度传感器数据。

6.1 Wi-Fi 概述

Wi-Fi 又称作"无线热点",是 Wi-Fi 联盟制造商的商标,作为产品的品牌认证,是一个创建于 IEEE 802.11 标准的无线局域网技术。

6.2 硬件平台介绍

ARM 模块和 Wi-Fi 模块如图 6-1 所示。

（a） （b）

图 6-1 ARM 模块和 Wi-Fi 模块

（a）ARM 模块 （b）Wi-Fi 模块

6.3　任务 1:通过 Wi-Fi 连接 NEWLab 服务器

公司办公区内实现了 Wi-Fi 全覆盖,为了充分利用网络资源,现提出以下需求。

(1)通过公司 Wi-Fi 网络实现远程控制办公区内通风系统风扇的开关。

(2)通过公司 Wi-Fi 网络实现远程控制办公区内照明系统的开关。

(3)办公区域内布置的温度传感器能够通过 Wi-Fi 网络传输到数据平台,以供相关人员检查。

6.3.1　任务要求

通过 NEWLab Wi-Fi 模块与 ARM 核心板模块搭配使用,能够实现远程访问 NEWLab ARM 核心板上的服务器,以实现 Wi-Fi 远程控制风扇 / 电灯,并能获取温度传感器数据。

NEWLab Wi-Fi 模块与 ARM 核心板模块连接图如图 6-2 所示。

图 6-2　NEWLab Wi-Fi 模块与 ARM 核心板模块

6.3.2　必备知识

1. Wi-Fi 无线控制原理介绍

本实验中, NEWLab Wi-Fi 模块用来充当 ARM 核心板的无线网卡,以实现 ARM 核心板的 Internet 网络连接功能。在 ARM 核心板上运行的服务端程序可以解释网络上发送的各种指令数据,用以实现各执行器(如风扇、灯泡)的工作。同时,在计算机端运行 socket 工具连接 ARM 核心板上的服务端程序,就可以实现通过计算机端的远程控制。

2. socket 概念

应用程序通常通过"套接字"向网络发出请求或者应答网络请求,套接字是通信的基石,是支持 TCP/IP 协议的网络通信的基本操作单元。它是网络通信过程中端点的抽象表示,包含进行网络通信所必需的五种信息:连接使用的协议、本地主机的 IP 地址、本地进程的协议端口、远地主机的 IP 地址、远地进程的协议端口(图 6-3)。应用层通过传输层进行数据通信时,TCP 会遇到同时为多个应用程序进程提供并发服务的问题。多个 TCP 连接或多个应用程序进程可能需要通过同一个 TCP 协议端口传输数据。为了区别不同的应用程序进程和连接,许多计算机操作系统为应用程序与 TCP/IP 协议交互提供了套接字(socket)接口。应用层可以和传输层通过 socket 接口区分来自不同应用程序进程或网络连接的通信,实现数据传输的并发服务(图 6-4)。

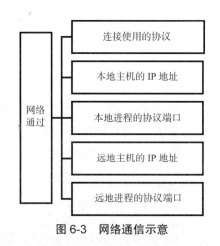

图 6-3　网络通信示意

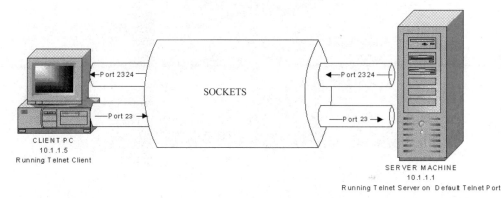

图 6-4　套接字(socket)

　　socket 类似于电话插座,以一个国家级电话网为例,电话的通话双方相当于相互通信的 2 个进程,区号是它的网络地址;区内一个单位的交换机相当于一台主机,主机分配给每个用户的局内号码相当于 socket 号。任何用户在通话之前,首先要占有一部电话机,相当于申请一个 socket;同时要知道对方的号码,相当于对方有一个固定的 socket。然后向对方拨号呼叫,相当于发出连接请求(假如对方不在同一区内,还要拨对方区号,相当于给出网络地址)。假如对方在场并空闲(相当于通信的另一主机开机且可以接受连接请求),拿起电话话筒,双方就可以正式通话,相当于连接成功。双方通话的过程,是一方向电话机发出信号和对方从电话机接收信号的过程,相当于向 socket 发送数据和从 socket 接收数据。通话结束后,一方挂起电话机相当于关闭 socket,撤销连接(图 6-5)。

图 6-5　socket 与电话类比

　　建立 socket 连接至少需要一对套接字，其中一个运行于客户端，称为 ClientSocket，另一个运行于服务器端，称为 ServerSocket。

　　套接字之间的连接过程分为服务器监听，客户端请求，连接确认三个步骤。

　　(1)服务器监听:指服务器端 socket 并不定位具体的客户端 socket，而是处于等待连接的状态，实时监控网络状态，等待客户端的连接请求。

　　(2)客户端请求:指客户端的 socket 提出连接请求，要连接的目标是服务器端的 socket。为此，客户端的 socket 必须首先描述它要连接的服务器的 socket，指出服务器端套接字的地址和端口号，然后就向服务器端 socket 提出连接请求。

　　(3)连接确认:当服务器端 socket 监听到或者说接收到客户端 socket 的连接请求时，就响应客户端 socket 的请求，建立一个新的线程，把服务器端 socket 的描述发送到客户端，一旦客户端确认了此描述，双方就正式建立连接。而服务器端 socket 继续处于监听状态，继续接收其他客户端 socket 的连接请求。

socket 服务端与客户端通信示意如图 6-6 所示。

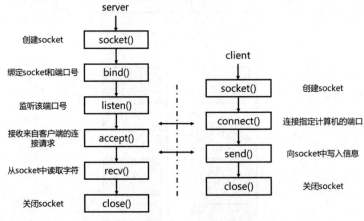

图 6-6　socket 服务端与客户端通信示意

3.Wi-Fi 无线控制数据流程

Wi-Fi 无线控制数据流程如图 6-7 所示。

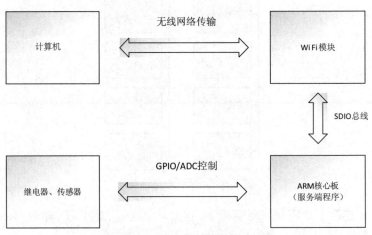

图 6-7　Wi-Fi 无线控制数据流程图

Wi-Fi 无线控制命令结构如表 6-1 所示。

表 6-1　Wi-Fi 无线控制命令结构

命令协议字段	字段长度(B)	值(16 进制)
同步位	1	固定为 a0
命令类别	1	参考 Wi-Fi 无线控制命令(表 6-2)
保留位	2	固定为 0000
命令数据长度	4	命令的数据域(为 00000000 时表示无数据域),具体参考 Wi-Fi 控制命令的数据域协议(表 6-3)

Wi-Fi 无线控制命令如表 6-2 所示。

表 6-2　Wi-Fi 无线控制命令

命令名	命令类别值（16 进制）
GPIO 控制命令	01
获取温度命令	02
获取红外传感数据命令	03
获取 NEWLab 板载信息	04

Wi-Fi 控制命令的数据域协议如表 6-3 所示。

表 6-3　Wi-Fi 控制命令的数据域协议

GPIO 控制命令数据域字段名	字段长度（B）	值（16 进制）
GPIO 名	1	A 到 M 的 ASCII 码，如 GPE 时为 45（因为 E 的 ASCII 为 0x45）
GPIO 号	1	GPIO0 到 GPIO31；如 GPE4 时为 04
GPIO 方向	1	00 表示输出，01 表示输入
GPIO 输入输出值	4	当为输出时只能为 00,01

注:其他命令暂时没有数据域。

Wi-Fi 控制命令的响应协议如表 6-4 所示。

表 6-4　Wi-Fi 控制命令的响应协议

命令协议字段	字段长度（B）	值（16 进制）
同步位	1	固定为 aa
命令类别	1	参考 Wi-Fi 无线控制命令（表 6-2），表示当前响应的命令
保留字节	2	固定为 0000
命令执行结果	4	命令执行成功（无数据返回），为 00000000 命令执行成功（有数据返回），返回数据 命令执行失败，返回 ffffffff

6.3.3　任务实施

（1）通过串口连接 ARM 板（波特率为 115 200），并登录到 ARM LINUX 的 SHELL（用户名为 root，不需要密码），如图 6-8 所示。

（2）输入命令 "NEWLab_tcp_serverwifi SSID PASSWORD" 启动服务端程序。其中 "wifi" 表示服务端程序用无线网卡进行通信；"SSID" 为无线路由器 SSID 名（热点名称）；"Password" 为无线路器的密码；如果无线路由器密码为空，则输入 "NEWLab_tcp_server wifi SSID" 即可。运行命令后，如果看到类似字样 "start newlab tcp server，ip：172.17.10.3，port：6000"，表示服务程序启动成功（信息里包含了 IP 和端口）。

（3）在计算机上运行 socket 工具，连接 ARM 核心板服务端。socket 工具这里使用 "TCP-UDP 服务管理" 软件。

图 6-8　登录界面

设置 IP、端口、TCP 协议后,点击"连接"按钮,连接成功后,"连接"按钮变灰色,如图 6-9 所示。

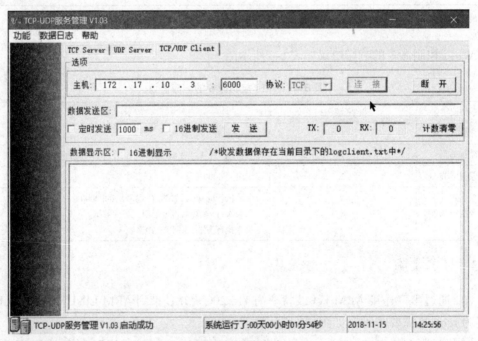

图 6-9　连接成功

(4)发送 NEWLab 板载信息获取命令,命令如下。

a0(同步位)04(板载信息获取)0000(保留位)00000000(数据长度,没有数据部分)

命令执行成功后,返回数据为 NEWLab ARM LINUX 系统的时间信息和内核版本信息。

发送命令和返回数据(这个返回数据为字符串,注意数据显示不要为 16 进制,其他命令返回数据为 16 进制)如图 6-10 所示。

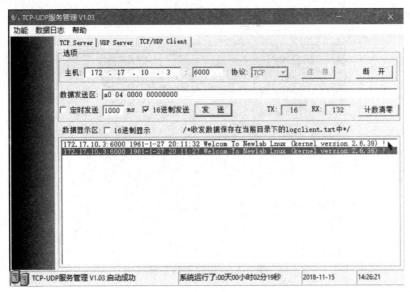

图 6-10　返回 NEWLab 板载信息

6.4　任务 2：Wi-Fi 控制风扇工作

6.4.1　任务要求

通过一个 Wi-Fi 模块、一个 ARM 核心板模块、一个继电器模块和一个风扇来实现无线控制风扇运转，如图 6-11 所示。

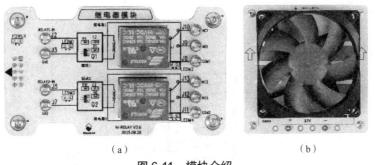

（a）　　　　　　　　　　　　　　（b）

图 6-11　模块介绍
（a）继电器模块　（b）风扇模块

（1）用排线将 Wi-Fi 模块 J406 与 ARM 核心板的 J6 连接起来。

（2）将继电器模块的 J2 接到 ARM 核心板的 JP6 的 GPE3。

（3）将继电器的 NO1 接到 NEWLab 的 12 V 电源的负极上。

（4）将继电器的 COM1 接到风扇的负极上。

（5）将 NEWLab 的 12 V 电源的正极接到风扇的正极上。

（6）将 NEWLab 串口连接到计算机。

实验环境搭建如图 6-12 所示。

图 6-12　搭建实验环境

6.4.2　必备知识

电磁式继电器一般是由铁芯、线圈、衔铁、触点簧片等组成的。只要在线圈两端加上一定的电压,线圈中就会流过一定的电流,从而产生电磁效应,衔铁就会在电磁力吸引的作用下克服返回弹簧的拉力吸向铁芯,从而带动衔铁的动触点与静触点(常开触点)吸合。当线圈断电后,电磁的吸力也随之消失,衔铁就会在弹簧的反作用力下返回原来的位置,使动触点与原来的静触点(常闭触点)释放。这样吸合、释放,从而达到在电路中导通、切断的目的。对于继电器的常开、常闭触点,可以这样来区分:继电器线圈未通电时处于断开状态的静触点,称为"常开触点";处于接通状态的静触点,称为"常闭触点"(图 6-13)。

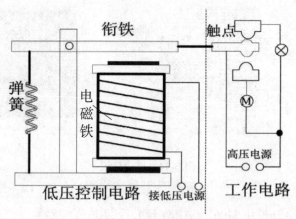

图 6-13　继电器原理

继电器的输入信号 x 从零连续增加达到衔铁开始吸合时的动作值 xx,继电器的输出信号立刻从 $y=0$ 跳跃到 $y=ym$,即常开触点从断到通。一旦触点闭合,输入量 x 继续增大,输出信号 y 将不再起变化。当输入量 x 从某一大于 xx 值下降到 xf 时,继电器开始释放,常开触点断开。继电器的这种特性叫作继电特性,也叫继电器的输入 - 输出特性。

6.4.3　任务实施

（1）通过串口连接 ARM 板（波特率为 115 200），并登录到 ARM LINUX 的 SHELL（用户名为 root，不需要密码），如图 6-14 所示。

图 6-14　登录到 ARM LINUX 的 SHELL

（2）输入命令"NEWLab_tcp_server wifi SSID Password"启动服务端程序。其中"wifi"表示服务端程序用无线网卡进行通信；"SSID"为无线路由器 SSID 名（热点名称）；"Password"为无线路器的密码；如果无线路由器密码为空，则输入"NEWLab_tcp_server wifi SSID"即可。运行命令后，如果看到类似字样"start newlab tcp server, ip：172.17.10.3, port：6000"，表示服务程序启动成功（信息里包含了 IP 和端口），如图 6-15 所示。

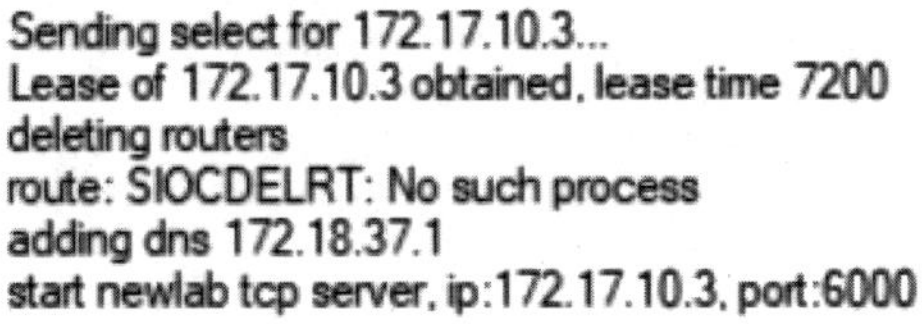

Sending select for 172.17.10.3...
Lease of 172.17.10.3 obtained, lease time 7200
deleting routers
route: SIOCDELRT: No such process
adding dns 172.18.37.1
start newlab tcp server, ip:172.17.10.3, port:6000

图 6-15　服务程序启动成功

（3）在计算机上运行 socket 工具，连接 ARM 核心板服务端。socket 工具这里使用"TCP-UDP 服务管理"软件。

设置 IP、端口、TCP 协议后，点击"连接"按钮，连接成功后，"连接"按钮变灰色，如图 6-16 所示。

图 6-16   连接成功

（4）发送风扇开启命令，命令如下。

a0（同步位）01（GPIO 控制）0000（保留位）00000008（GPIO 命令长度）45（GPE）03（GPE3）00（OUTPUT）00（保留字节）00000001（数据）

命令执行成功后，返回数据如下。

AA（同步位）01（GPIO 控制）00 00（保留位）00 00 00 00（命令执行结果）

发送命令和返回数据如图 6-17 所示。

图 6-17   发送风扇开启命令

风扇的开启如图 6-18 所示。

图 6-18　风扇开启

（5）发送风扇停止命令，命令如下。

> a0（同步位）01（GPIO 控制）0000（保留位）00000008（GPIO 命令长度）45（GPE）03（GPE3）00（OUTPUT）00（保留字节）00000000（数据）

命令执行成功后，返回数据如下。

> AA（同步位）01（GPIO 控制）00 00（保留位）00 00 00 00（命令执行结果）

发送命令和返回数据如图 6-19 所示。

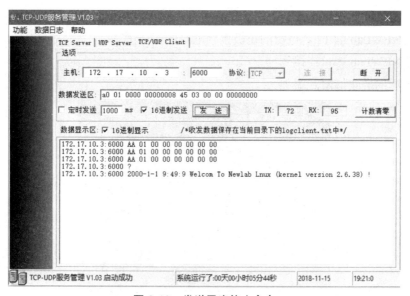

图 6-19　发送风扇停止命令

6.5　任务 3:Wi-Fi 控制电灯工作

6.5.1　任务要求

通过一个 Wi-Fi 模块、一个 ARM 核心板模块、一个继电器模块和一个电灯模块(图 6-20)来实现无线控制电灯的开和关。

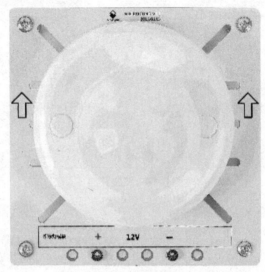

图 6-20　电灯模块

(1)用排线将 Wi-Fi 模块 J406 与 ARM 核心板的 J6 连接起来。

(2)将继电器模块的 J2 接到 ARM 核心板的 JP6 的 GPE3。

(3)将继电器的 NO1 接到 NEWLab 的 12 V 电源的负极上。

(4)将继电器的 COM1 接到电灯的负极上。

(5)将 NEWLab 的 12 V 电源的正极接到电灯的正极上。

(6)将 NEWLab 串口连接到计算机。

实验环境的搭建如图 6-21 所示。

图 6-21　搭建实验环境

6.5.2　必备知识

参考通过 Wi-Fi 连接 NEWLab 服务器小节。

6.5.3　任务实施

因为电灯也是通过 GPE3 来控制的，和控制风扇的过程是完全一样的。所以请参考 Wi-Fi 控制风扇工作章节。

电灯的开启如图 6-22 所示。

图 6-22　电灯开启

6.6　任务 4：Wi-Fi 获取温度传感器温度

6.6.1　任务要求

通过一个 Wi-Fi 模块、一个 ARM 核心板模块、一个温度传感器来实现无线获取温度传感器温度数据。

（1）用排线将 Wi-Fi 模块 J406 与 ARM 核心板的 J6 连接起来。

（2）将温度传感器模块的"模拟量输出"接到 ARM 核心板的 JP5 的 ADC0 连接起来。

实验环境的搭建如图 6-23 所示。

图 6-23　搭建实验环境

6.6.2　必备知识

温度传感器主要是通过热敏电阻的电阻值随温度的变化而变化来采集温度信息。这里用的热敏电阻为 MF52 型（10 kΩ）的。通过 ADC 采集热敏电阻的电压值，从而获得当前温度下热敏电阻的电阻值，从而得知当前的温度信息。MF52 型相关参数可从网上查阅。

6.6.3　任务实施

（1）开启服务端程序和建立 socket 连接的部分，可参考 Wi-Fi 控制风扇工作小节。
（2）发送温度获取命令，命令如下。

> a0（同步位）02（获取温度）0000（保留位）00000000（数据长度，没有数据部分）

命令执行成功后，返回数据如下。

> AA（同步位）02（获取温度）00 00（保留位）00 00 00 1A（数据为温度值，0000001A 表示为 26 ℃）

发送命令和返回数据如图 6-24 所示。

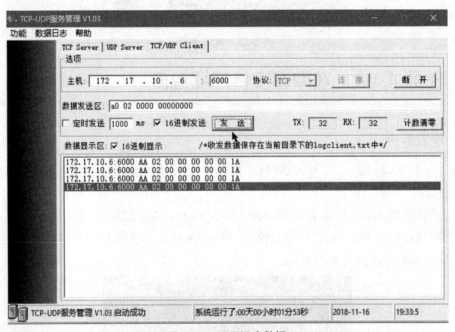

图 6-24　返回温度数据

6.7　本章总结

本章简要介绍了 Wi-Fi 基础知识，继电器工作原理以及温度传感器工作原理。通过本章的学习能够搭建硬件实验环境使用 Wi-Fi 控制风扇和电灯，使用 Wi-Fi 获取温度传感器数据。

6.8　习题

一、选择题

1. NEWLab Wi-Fi 控制风扇是通过(　　)部件达到控制目的。

A. 继电器 + GPIO　　　　　　　　B. 定时器

C. GPIO　　　　　　　　　　　　D. 继电器

2. 金属桌、玻璃、灯具和电脑屏幕可对无线传输构成(　　)影响。

A. 散射　　　　　B. 折射　　　　　C. 反射　　　　　D. 吸收

3. 终端设备能搜索到的 Wi-Fi 名称,在 Wi-Fi 的术语里叫(　　)。

A. SSID　　　　　　　　　　　　B. 无线桥接

C. 无线分布式系统　　　　　　　D. 无线中继

4. 2.4 GHz 是 ISM 频段,采用该频段的常见设备有(　　)。

A. 蓝牙　　　　　B. ZigBee　　　　　C. Wi-Fi　　　　　　　D. 无线鼠标

5. NEWLab 红外传感器是通过(　　)方式获取其状态的。

A. GPIO　　　　　B. UART　　　　　C. IIC　　　　　D. SPI

6. 无线局域网 WLAN 传输介质是(　　)。

A. 无线电波　　　　B. 红外线　　　　C. 载波电流　　　　D. 卫星通信

7. 桥接无法建立无线链路,可能的原因是(　　)。

A. 两个设备的信道不一样　　　　B. 两个设备的 ESSID 不一样

C. 两个设备的名字不一样　　　　D. 两个设备的 TCP/IP 模式不一样

8. NEWLab 温度传感器是用(　　)方法来实现的。

A. IIC　　　　　　　　　　　　B. 热敏电阻 + ADC

C. ADC　　　　　　　　　　　　D. 热敏电阻

9. 两台无线设备是通过(　　)建立桥连接的。

A. MAC 地址　　　　　　　　　　B. IP 地址

C. 设备的标识号　　　　　　　　D. 设备的型号

10. 以下设备中,不会对工作在 2.4 GHz 的无线 AP 产生干扰的是(　　)。

A. 微波炉　　　　　　　　　　　B. 蓝牙耳机

C. 红外感应器　　　　　　　　　D. 工作在 2.4 GHz 频段的无绳电话

二、综合实践题

利用本章实验所用 ARM 核心板的 ADC,实现更多传感器数据的采集。

第7章　蓝牙4.0无线通信应用

　　本章主要介绍蓝牙低功耗(Bluetooth Low Energy,或称 Bluetooth LE、BLE,旧商标 Bluetooth Smart)、BLE 协议栈、BLE 主从机建立连接、数据传输等内容。通过本章的学习,使学生掌握基于 BLE 协议栈的串口通信、主从机连接与数据传输、基于 BLE 协议栈的无线点灯等,并能够较为熟练地应用 BLE 协议栈中的 GAP 和通用属性配置文件层(Generic Attribute Profile,GATT)两个基本配置文件、BTool 工具以及 SimpleBLEPeripheral 和 SimpleBLECentral 两个工程。

知识目标

- ●掌握 BLE 协议栈的结构、基本概念。
- ●理解从机与主机之间建立连接的流程。
- ●掌握 Peripheral_ProcessEvent、Central_ProcessEvent 事件处理函数。
- ●掌握节点设备和集中器设备启动过程,理解 SBP_START_DEVICE_EVT 事件。
- ●理解 BLE 协议栈中的 GAP 和 GATT 两个基本配置文件。
- ●掌握主机与从机数据传输的流程,理解主从数据发送与接收过程。
- ●掌握特征值、句柄、通用唯一识别码(Universally Unique Identifier,UUID)、GATT 服务等的概念和作用。
- ●理解特征值属性、通知机制以及掌握特征值的相关函数与初始化。

技能目标

- ●能熟练使用 IAR 软件、NEWLab 平台、BTool 工具、BLE 协议栈安装。
- ●能熟练在 Profiles 中添加、修改特征值。
- ●能熟练使用串口回调函数实现蓝牙模块与计算机的串口通信。
- ●能熟悉主机与从机建立连接和数据传输过程的函数,能制作函数调用路线图。
- ●能熟练开发基于 BLE 协议栈的主从机连接、串口透传、手机与蓝牙通信等项目。
- ●熟练采用周期事件循环采集、发送数据。
- ●熟悉工程中 ProfileChangeCB、WriteAttrCB 等回调函数的注册与调用。

7.1　蓝牙4.0概述

　　蓝牙低功耗也称蓝牙低能耗、低功耗蓝牙,是蓝牙技术联盟设计和销售的一种个人局域网技术,旨在用于医疗保健、运动健身、信标、安防、家庭娱乐等领域的新兴应用。相较经典蓝牙,低功耗蓝牙旨在保持同等通信范围的同时显著降低功耗和成本。蓝牙通信模块如图7-1 所示。

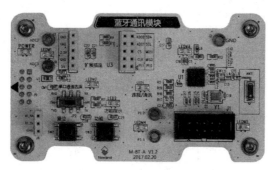

图 7-1　蓝牙通信模块

7.2　任务 1:基于 BLE 协议栈的串口通信

公司在多个出入口设立了考勤打卡点,为了满足员工迅速、便利打卡的需求,公司决定增加手机蓝牙打卡功能,要求如下。

(1)能够通过计算机串口与蓝牙设备进行通信。

(2)手机在考勤打卡机蓝牙通信范围时,可以进行设备搜索、配对并传输考勤数据。

(3)员工可以通过手机蓝牙远程开启或关闭办公区域的照明灯。

7.2.1　任务要求

搭建蓝牙模块与计算机串口通信系统,蓝牙模块上电时,向串口发送“Hello NEW-Lab!”,并在计算机的串口调试软件上显示;另外,在串口调试软件上发送信息给蓝牙模块时,蓝牙模块收到信息后,立刻原样返回串口接收到的数据给串口调试软件,并显示出来。

7.2.2　必备知识

1. 蓝牙 4.0

蓝牙是一种短距离无线通信的技术规范。它最初的目标是取代现有的掌上电脑、移动电话等各种数字设备上的有线电缆连接,设计者的初衷是用隐形的连接线代替线缆。其目标和宗旨是:保持联系,不靠电缆,拒绝插头,并以此重塑人们的生活方式。它将取代目前多种电缆连接方案,通过统一的短程无线链路,在各信息设备之间可以穿过墙壁或公文包,实现方便快捷、灵活安全、低成本小功耗的语音和数据通信,工作频段为全球统一开放的2.4 GHz ISM 频段。从目前的应用来看,由于蓝牙体积小、功率低,其应用已不局限于计算机外设,几乎可以被集成到任何数字设备之中,特别是那些对数据传输速率要求不高的移动设备和便携设备。

2010 年 7 月 7 日蓝牙技术联盟正式采纳了蓝牙 4.0（图 7-2）核心规范（Bluetooth Core Specification Version 4.0）并启动对应的认证计划。蓝牙 4.0 包括 3 个子规范，即传统蓝牙技术、高速蓝牙技术和新蓝牙低功耗技术。蓝牙 4.0 的改进之处主要体现在电池续航时间、节能和设备种类 3 个方面。

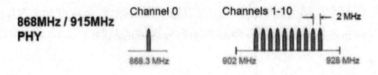

图 7-2　蓝牙 4.0

蓝牙 4.0 还具有低成本跨厂商互操作性，3 ms 低延迟，100 m 以上超长距离传输，AES-128 加密等诸多特色。

BLE 工作在 ISM 频带，定义了两个频段（图 7-3），2.4 GHz 频段和 896/915 MHz 频带。在

IEEE 802.15.4 中共规定了 27 个信道。

（1）在 2.4 GHz 频段，共有 16 个信道，信道通信速率为 250 Kbps。

（2）在 915 MHz 频段，共有 10 个信道，信道通信速率为 40 Kbps。

（3）在 868 MHz 频段，有 1 个信道，信道通信速率为 20 Kbps。

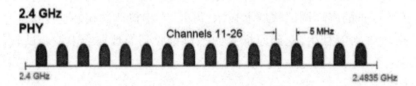

图 7-3　BIE 频段

BLE 工作在 2.4 GHz 频段，仅适用 3 个广播通道，适用所有蓝牙规范版本通用的自适应调频技术。

自适应调频技术是建立在自动信道质量分析基础上的一种频率自使用和功率自适应控制相结合的技术，能使调频通信过程自动避开被干扰的调频频点并以最小的发射功率、最低的被截获概率，达到在无干扰的调频信道上长时间保持优质通信的目的。

2. BLE 无线网络拓扑结构

BLE 网络可以点对点或者一点对多点，一个 BLE 主机可以连接多个 BLE 从机，组成星形网络，另外还有一种由广播设备和多个扫描设备组成的广播组结构，不同的网络拓扑对应不同的应用领域。

3. BLE 技术的应用领域

一直以来,蓝牙技术在配件方面的应用都更受关注,但随着移动时代的迅猛发展,BLE 将会有更大的用武之地。事实上,BLE 的低功耗技术,在设计之初便主打医疗与健康监控等特殊市场,而总的来说,蓝牙 4.0 的发展方向将是运动管理、医疗健康照护、智能仪表、智能家居以及各种物联网相关应用。

在医疗健康领域,过去不少健康类的应用都是基于蓝牙 2.1 协议去做的,但因受限于耗电问题而未能掀动太大波澜。BLE 化解这一难题后,市场被强力激活。如由英特尔发起,并由许多不同医疗技术与保荐机构成立的 Continua 健康联盟(图 7-4),便已决议将 BLE 纳入日后的标准传输技术中。现在市场上已有许多采用蓝牙 2.1 规格的医疗产品,如血压计、血糖仪等,未来,通过 Continua 健康联盟正式认证的蓝牙 4.0 规格的医疗类产品肯定会越来越多。健康应用方面,BLE 也有广阔的市场空间,其可以与健康设备进行无缝结合,人们在使用健身器材时,就能通过相关设备如计步器、脉搏机等来传送并记录运动情况进入移动设备,保存个人的健康信息。

图 7-4　Continua 健康联盟

BLE 与安卓的结合更将对当下如火如荼的"物联网"起到推波助澜的作用。目前市场上所有的智能设备都是物联网生态发展的推动力量,但 BLE 能够起到打通物联网的和传感器设备之间的"关节"的节点作用,这将从关键意义上推动物联网的真正发展。由于蓝牙技术一向关注上层应用,有统一标准,因此各种各样的底层硬件虽出自不同制造厂家,却可以互联互通,能够形成完善的生态环境,为自身及物联网产品市场创造良好环境。

有分析认为,当 BLE 把每个人的安卓或者其他移动设备变成一个传感器标签时,它所能做的将不仅仅是通过应用软件去找东西,而将拥有巨大的可扩展性,如它可以通过 App 和传感器来构建一个 P2P(peer to peer)的网络以模拟 GPS 的功能等。总之,当 BLE 传感器无处不在时,定然蕴藏着巨大商机。

4. BLE 协议栈

协议定义的是一系列的通信标准,通信双方需要共同按照这一标准进行正常的数据收发;协议栈是协议的具体表现形式,通俗地理解为用代码实现的函数库,以便于开发人员调用。BLE 协议栈将各个层定义的协议都集合在一起,以函数库的形式实现,并给用户提供一些应用层 API,供用户调用。

使用 BLE 协议栈进行开发的基本思路可以概括为如下几点。

（1）用户对于 BLE 无线网络的开发简化为应用层的 C 语言程序开发，用户不需要深入研究复杂的 BLE 协议栈。

（2）BLE 中的数据采集，只需要用户在应用层加入传感器的读取函数即可。

（3）如果考虑到节能，可以根据数据采集周期进行定时，定时时间到就唤醒 BLE。

蓝牙 4.0 BLE 协议栈的结构如图 7-5 所示。

图 7-5　蓝牙 4.0 BLE 协议栈

1）物理层（Physical Layer，PHY）

物理层是 1 Mbps 自适应跳频的 GFSK 射频，工作于免许可证的 2.4 GHz ISM 频段。

2）链路层（Link Layer，LL）

链路层用于控制设备的射频状态，设备将处于五种状态之一：等待、广告、扫描、初始化、连接。广播设备不需要建立连接就可以发送数据，而扫描设备接收广播设备发送的数据；发起连接的设备通过发送连接请求来回应广播设备，如果广播设备接受连接请求，那么广播设备与发起连接的设备将会进入连接状态。发起连接的设备称为主机，接收连接请求的设备称为从机。

3）主机控制接口层（Host Controller Interface，HCI）

主机控制接口层为主机和控制器之间提供标准通信接口。这一层可以是软件或者硬件接口，如 UART、SPI、USB 等。

4）逻辑链路控制及自适应协议层（Logical Link Control and Adaptation Protocol，L2CAP）

逻辑链路控制及自适应协议层为上层提供数据封装服务，允许逻辑上的点对点数据通信。

5）安全管理层（Security Manager，SM）

安全管理层定义了配对和密钥的分配方式，并为协议栈其他层与另一个设备之间的安全连接和数据交换提供服务。

6）属性协议层（Attribute Protocol，ATT）

属性协议层允许设备向另外一个设备展示一块特定的数据，称之为"属性"。在 ATT 环境中，展示"属性"的设备称为服务器，与之配对的设备称为客户端。链路层状态（主机和从机）与设备的 ATT 角色是相互独立的。例如：主机设备既可以是 ATT 服务器，也可以是 ATT 客户端；从机设备既可以是 ATT 服务器，也可以是 ATT 客户端。

7）通用属性配置文件层（Generic Attribute Profile，GATT）

通用属性配置文件层定义了使用 ATT 的服务框架。GATT 规定配置文件（Profile）的结构。在 BLE 中，所有被 Profile 或者服务用到的数据块称为"特性"，两个建立连接的设备之间的所有数据通信都是通过 GATT 子程序处理的。GATT 层用于已连接的蓝牙设备之间的数据通信，应用程序和 profile 直接使用 GATT 层。

TI 公司推出 CC254x 系列单芯片（SoC），具有 21 个 I/O，UART、SPI、USB2.0、PWM、ADC 等外设，超宽的工作电压（2~3.6 V），极低的能耗（<0.4 uA），极小的唤醒延时（4 μs）。该芯片内部集成增强型 8051 内核，同时 TI 为 BLE 协议栈搭建了一个简单的操作系统，使得该芯片可以与 BLE 协议栈完美结合，为用户设计出高弹性、低成本蓝牙低功耗解决方案。

进行 BLE 无线网络的开发，需要有相关的硬件和软件，在硬件方面，TI 公司已经推出了完全支持 BLE 协议的 SoC-CC254x，本章节选用 TI 公司推出的 BLE-CC254x-1.3.2 版本，双击 BLE-CC254x-1.3.2.exe 文件，即可以进行安装（图 7-6），默认安装在 C 盘，路径为：C:\Texas Instruments\BLE-CC254x-1.3.2。

图 7-6　BLE 协议栈 BLE-CC254x-1.3.2 安装

Ⅰ.工程文件介绍

安装完 BLE 协议栈之后，在安装目录下有 Accessories、Components、Documents、Projects、BTool 等文件夹，如图 7-7 所示。

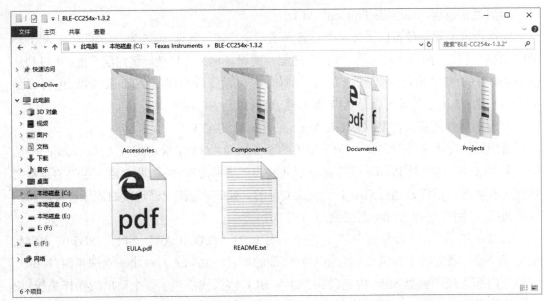

图 7-7　BLE 协议栈目录

（1）Accessories 文件夹（图 7-8）。

"\Accessories\Drivers"里面存放的是烧写了 HostTestRelease 程序的 CC2530USBdongle 的 USB 转串口驱动程序。

"\Accessories\HexFiles"里面存放的是 TI 开发板上预先编译的 hex 文件。

"\Accessories\BTool"里面存放的是 BLE 设备计算机端的使用工具。

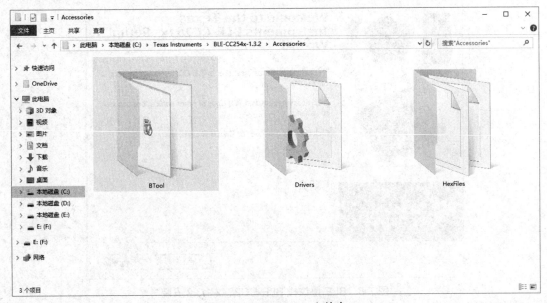

图 7-8　Accessories 文件夹

（2）Components 文件夹（图 7-9）。

Components 文件夹用来存放蓝牙 4.0 的协议栈组件，包括底层的 ble、TI 开发板硬件驱动层 hal、操作系统的 osal 等。

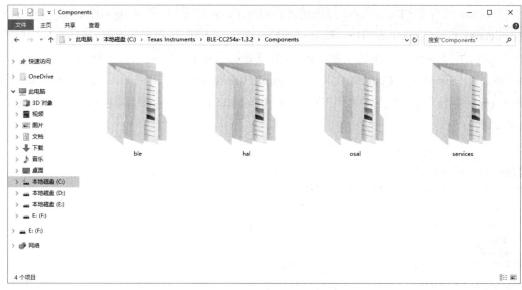

图 7-9　Components 文件夹

（3）Documents 文件夹（图 7-10）。

Documents 文件夹用来存放 TI 提供的相关协议栈、demo 文件以及开发文档。几个重要的文档如下。

① TI_BLE_Sample_Applications_Guide.pdf 协议栈应用作指南，介绍协议栈 demo 操作。

② TI_BLE_Software_Developer's_Guide.pdf 协议栈开发指南，介绍 BLE 协议栈高级开发的重要手册。

③ BLE_API_Guide_main.htm BLE 协议栈 API 文档，协议栈里调用的 API 函数还有调用时序，均在此文档中。

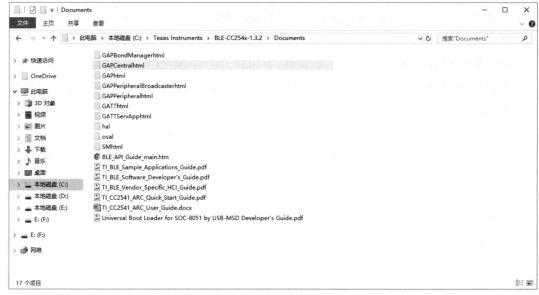

图 7-10　Documents 文件夹

（4）Projects 文件夹（图 7-11）。

Projects 文件夹用来存放 TI 提供的不同功能的 BLE 工程,例如 BloodPressure、GlucoseCollector、GlucoseSensor、HeartRate、HIDEmuKbd 等传感器的实际应用,并且有相应标准的 Profile,另外还有 4 种角色工程: SimpleBLEBroadcaster(观察者)和 SimpleBLEObserver(广播者), SimpleBLECentral(主机)和 SimpleBLEPeripheral(从机)。一般 Broadcaster 和 Observer 一起使用,这种方式无须连接; Peripheral 和 Central 一起使用,它们连接之后,才能交换数据。

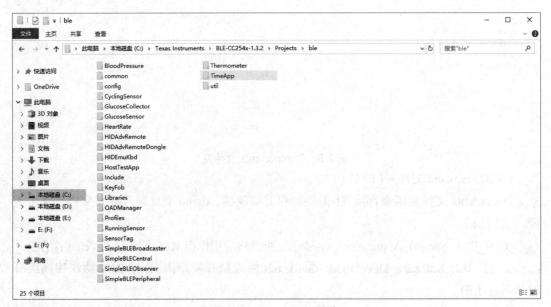

图 7-11　Projects 文件夹

Ⅱ. BLE 协议栈编译与下载

这里只讨论 SimpleBLEPeripheral(从机)和 SimpleBLECentral(主机)两个工程,打开这些工程需要 IAR8.10 以上版本。在路径…\ble\SimpleBLEPeripheral\CC2541DB 目录下找到 SimpleBLEPeripheral.eww 文件,双击该文件,即可打开工程,如图 7-12 所示。图 7-12 左边有很多文件夹,如 APP、HAL、OSAL、PROFILES 等,这些文件夹对应蓝牙 4.0 BLE 协议栈中不同的层。

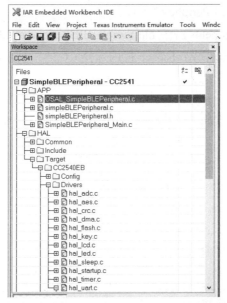

图 7-12　SimpleBLEPeripheral 工程文件结构

　　采用 CC Debugger、SmartRF04EB 等开发工具下载、仿真调试和烧写程序,建议选用 CC Debugger 作为蓝牙 4.0 开发工具。

7.2.3　任务实施

　　第一步,搭建蓝牙串口通信系统,具体步骤如下。

　　(1)将蓝牙模块在 NEWLab 平台固定好。

　　(2)通过串口线连接 NEWLab 平台与计算机。

　　(3)将 NEWLab 平台上通信方式旋钮转到"通信模式"。

　　(4)给 CC2541 上电。

　　实验环境的搭建如图 7-13 所示。

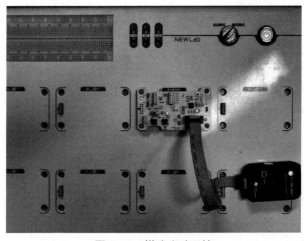

图 7-13　搭建实验环境

第二步,打开 SimpleBLEPeripheral 工程。

打开 C:\Texas Instruments\……\ble\SimpleBLEPeripheral\CC2541DB 目录下的 SimpleBLEPeripheral.eww 工程,在 Workspace 栏内选择 CC2541,如图 7-14 所示。

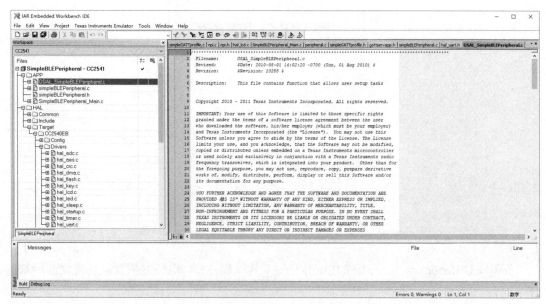

图 7-14　SimpleBLEPeripheral 工程

第三步,串口初始化。

打开工程中 NPI 文件夹下的 npi.c 文件,利用串口初始化函数 void NPI_InitTransport(npiCBack_tnpiCBack)对串口号、波特率、流控、校验位等进行配置,如图 7-15 所示。

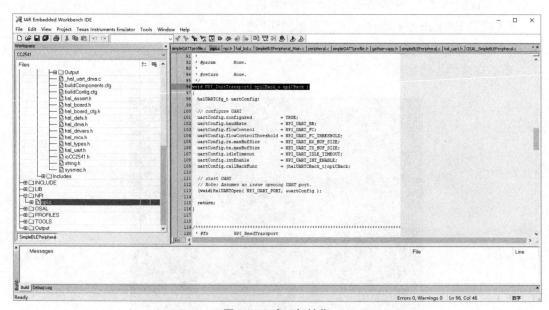

图 7-15　串口初始化

```
1   void NPI_InitTransport( npiCBack_tnpiCBack )
2   { halUARTCfg_tuartConfig;
3   uartConfig.configured            = TRUE;
4   uartConfig.baudRate              = NPI_UART_BR;
5   uartConfig.flowControl           = NPI_UART_FC;
6   uartConfig.flowControlThreshold  = NPI_UART_FC_THRESHOLD;
7   uartConfig.rx.maxBufSize         = NPI_UART_RX_BUF_SIZE;
8   uartConfig.tx.maxBufSize         = NPI_UART_TX_BUF_SIZE;
9   uartConfig.idleTimeout           = NPI_UART_IDLE_TIMEOUT;
10  uartConfig.intEnable             = NPI_UART_INT_ENABLE;
11  uartConfig.callBackFunc          =( halUARTCBack_t )npiCBack;
12  ( void )HalUARTOpen( NPI_UART_PORT, &uartConfig );
13  return;    }
```

程序分析如下。

（1）第 4 行，uartConifg.baudRate 是配置波特率为 NPI_UART_BR，进入 NPI_UART_BR 可以看到具体的波特率，在此配置为 115 200，想要修改为其他波特率，可以右键点击 go to definition of HAL_UART_BR_115200 选择其他设置。

（2）第 5 行，uartConifg.flowControl 是配置流控的，这里选择关闭。注意，2 根线的串口通信（TTL 电平模式）连接务必关闭流控，否则永远收发不了信息。

（3）第 11 行， uartConfig.callBackFunc =(halUARTCBack_t)npiCBack 这是注册串口的回调函数，要对串口接收事件进行处理，就必须添加串口的回调函数。

配置好串口初始化函数，还要对预编译选项进行修改。打开【 Options 】→【 C/C++ Compiler 】→【 Preprocessor 】，修改编译选项，添加 HAL_UART=TRUE，并将 POWER_SAVING 注释掉（即 xPOWER_SAVING），否则不能使用串口，修改后选项内容如图 7-16 所示。

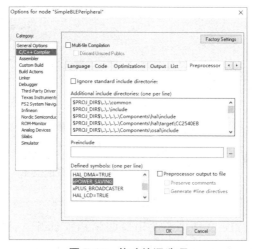

图 7-16　修改编译选项

第四步,串口发送数据。

打开 simpleBLEPeripheral.c 文件中的初始化函数 void SimpleBLEPeripheral_Init(uint8 task_id),在此函数中添加 NPI_InitTransport(NULL),在后面再加上一条上电提示 Hello NEWLab! 的语句,添加头文件语句: #include "npi.h",如图 7-17 所示。

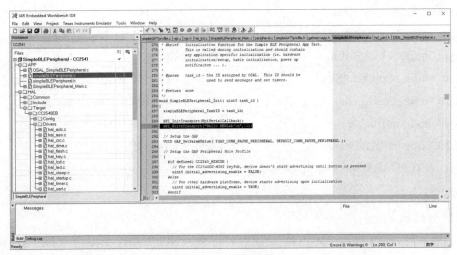

图 7-17　串口发送数据

修改 simpleBLEPeripheral.c 文件。

连接下载器和串口线,下载程序,就可以看到串口调试软件收到 Hello NEWLab! 的信息,如图 7-18 所示,通过 NPI_WriteTransport(uint8 *,uint16)函数实现串口发送功能。

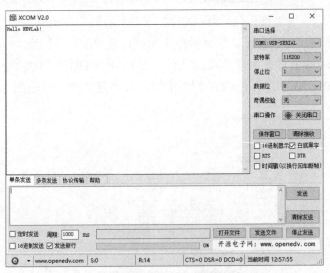

图 7-18　接收到 CC2541 模块发来的信息

第五步,串口接收数据。

在 simpleBLEPeripheral.c 文件中声明串口回调函数 static void NpiSerialCallback(uint8 port, uint8 events),并在 void SimpleBLEPeripheral_Init(uint8 task_id)函数中传入串口回调

函数,将 NPI_InitTransport(NULL)修改为 NPI_InitTransport(NpiSerialCallback)。

当串口特定的事件或条件发生时,操作系统就会使用函数指针调用回调函数对事件进行处理。具体处理操作在回调函数中实现。

```
1    static void NpiSerialCallback( uint8 port, uint8 events )
2    {( void )port;
3    uint8 numBytes=0;
4    uint8 buf[128];
5    if( events & HAL_UART_RX_TIMEOUT )        // 串口有数据
6    {   numBytes=NPI_RxBufLen( );                // 读出串口缓冲区有多少字节
7    if( numBytes )
8    {   NPI_ReadTransport( buf, numBytes );      // 从串口缓冲区读出 numBytes 字节数据
9    NPI_WriteTransport( buf, numBytes );         // 把串口接收到的数据打印出来
10       }  }  }
```

程序分析如下。

（1）第 5 行,当串口有数据接收时会触发 HAL_UART_RX_TIMEOUT 事件,除了 HAL_UART_RX_TIMEOUT 事件,还有以下其他事件,详见 hal_uart.h 文件。

```
1    /* UART Events */
2    #define HAL_UART_RX_FULL          0x01        // 串口接收缓冲区满
3    #define HAL_UART_RX_ABOUT_FULL    0x02        // 串口接收缓冲区将满
4    #define HAL_UART_RX_TIMEOUT       0x04        // 串口接收
5    #define HAL_UART_TX_FULL          0x08        // 串口发送缓冲区满
6    #define HAL_UART_TX_EMPTY         0x10        // 串口发送缓冲区空
```

（2）第 8~9 行,第 8 行读出串口的数据,第 9 行按原样向串口调试软件返回数据。下载程序运行,发送任何信息,如发送“蓝牙 4.0 BLE”,则在串口观察窗口显示串口收到的数据（与发送数据相同）。注意:发送区属性的“16 进制发送”栏一定不能勾选。

第六步,串口显示 SimpleBLEPeripheral 工程初始化信息。

TI 官方的例程是利用 LCD 来输出信息的,我们的设备没有 LCD,但可以利用 UART 来输出信息,具体步骤如下。

（1）打开工程目录中 HAL\Target\CC2540EB\Drivers\hal_lcd.c 文件,在 HalLcdWriteString 函数中添加以下代码,粗体代码部分。

```
1    void HalLcdWriteString( char *str, uint8 option )
2    {
3    #ifdef LCD_TO_UART
4    NPI_WriteTransport( ( uint8* )str, osal_strlen( str )); // 串口显示
5    NPI_WriteTransport( "\n", 1 );                          // 换行
```

```
6    #endif
7    #if( HAL_LCD == TRUE )
8    NPI_WriteTransport(( uint8 * )str, osal_strlen( str ));
9    NPI_WriteTransport( "\n", 1 );
10   #endif
11   ……
12   }
```

（2）在预编译中添加 LCD_TO_UART, HAL_LCD=TRUE 需要打开,并且在 hal_lcd.c 文件中添加 #include "npi.h",编译无误后,下载程序,模块上电后,打开串口调试助手,这样就可以把 LCD 上显示的内容传送到计算机端显示,方便调试。

7.3　任务 2:主从机建立连接与数据传输

7.3.1　任务要求

采用两台 NEWLab 平台,每个平台上固定一个蓝牙模式。一个模块作为从机(SimpleBLEPeripheral 工程),另一个模块作为主机(SimpleBLECentral 工程),使主从机建立连接,并能进行简单的无线数据传输,同时可以通过串口调试软件观察到主机和从机的连接状况和数据变化。

7.3.2　必备知识

1. 蓝牙 4.0 BLE 主从机建立连接剖析

以 TI 提供的 SimpleBLEPeripheral 和 SimpleBLECentral 工程为例,从机与主机之间建立连接的流程如图 7-19 所示。

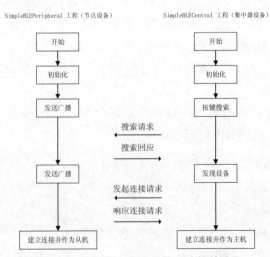

图 7-19　从机与主机之间建立连接的流程

2. 从机连接过程分析

1)节点设备的可发现状态

以 SimpleBLEPeripheral 工程作为节点设备的程序,在初始化完成之后,以广播的方式向外界发送数据,此时节点设备处于可发现状态。可发现状态有两种模式:受限的发现模式和不受限的发现模式,其中前者是指节点设备在发送广播时,如果没有收到集中器设备发来的建立连接请求,则只保持 30 s 的可发现状态,然后转为不可被发现的待机状态;而后者是节点设备在没有收到集中器设备的连接请求时,一直发送广播,永久处于可被发现的状态。

在 SimpleBLEPeripheral.c 中,数组 advertData 定义节点设备发送的广播数据。

```
1    static uint8 advertData[] =
2    { 0x02,                              // 发现模式的数据长度
3    GAP_ADTYPE_FLAGS,                    // 广播类型标志 为 0x01
4    DEFAULT_DISCOVERABLE_MODE | GAP_ADTYPE_FLAGS_BREDR_NOT_SUP-
     PORTED,
5    0x03,                               // 设备 GAP 基本服务 UUID 的数据段长度为 3 B 数
                                          // 据
6    GAP_ADTYPE_16BIT_MORE,              // 定义 UUID 为 16 bit,即 2 B 数据长度
7    LO_UINT16( SIMPLEPROFILE_SERV_UUID ),       //UUID 低 8 位数据
8    HI_UINT16( SIMPLEPROFILE_SERV_UUID ),       //UUID 高 8 位数据
9    };
```

程序说明如下。

(1)第 4 行,定义节点设备的可发现模式,若预编译选项中包含了"CC2540_MINIDK",则是受限的发现模式,否则为不受限的发现模式。

(2)第 5~8 行,只有 GAP 服务的 UUID 相匹配,两设备才能建立连接,蓝牙通信中有两个非常重要的服务,一个是 GAP 服务,负责建立连接;另一个是 GATT 服务,负责连接后的数据通信。

默认的 SimpleBLEPeripheral 工程在运行过程中有很多信息在 LCD 屏上显示,若将 LCD 屏上显示的内容同时显示在串口调试软件上(参照 7.2 任务 1),则可以清晰地看到节点设备运行状态。

2)节点设备搜索回应的数据

在 SimpleBLEPeripheral.c 文件中,当节点设备接收到集中器的搜索请求信号时,定义了回应如下数据内容。

```
1    static uint8 scanRspData[] =
2    { 0x14,    // 节点设备名称数据长度,20 B 数据(从第 3 行到 6 行,共计 20 B)
```

```
3    GAP_ADTYPE_LOCAL_NAME_COMPLETE,       // 指明接下来的数据为本节点设备
                                           // 的名称
4    0x53,      // 'S'
5    0x69,      // 'i'
6    ……
7    0x05,      // 连接间隔数据段长度,占 5 B
8    GAP_ADTYPE_SLAVE_CONN_INTERVAL_RANGE,     // 指明接下来的数据为连接
                                              // 间隔的最小值和最大值
9    LO_UINT16( DEFAULT_DESIRED_MIN_CONN_INTERVAL ),    // 最小值 100 ms
10   HI_UINT16( DEFAULT_DESIRED_MIN_CONN_INTERVAL ),
11   LO_UINT16( DEFAULT_DESIRED_MAX_CONN_INTERVAL ),    // 最大值 1 s
12   HI_UINT16( DEFAULT_DESIRED_MAX_CONN_INTERVAL ),
13   0x02,      // 发射功率数据长度,占 2 B
14   GAP_ADTYPE_POWER_LEVEL, // 指明接下来的数据为发射功率,发射功率的可调
                             // 范围为 -127~127 dBm
15   0          // 发射功率设置为 0 dBm
16   };
```

当集中器设备接收到节点设备搜索回应的数据后,向节点设备发送连接请求,节点设备接受请求并作为从机进入连接状态。

3)关键函数及代码分析

在 TI 的 BLE 协议栈中,从机和主机都是基于 OSAL 系统的程序结构,很多方面有类似的内容。

(1)SimpleBLEPeripheral_Init( )任务初始化函数。

```
1    void SimpleBLEPeripheral_Init( uint8 task_id )
2    { simpleBLEPeripheral_TaskID = task_id;
3    NPI_InitTransport( NpiSerialCallback );        // 初始化串口,并传递串口回调函数
4    NPI_WriteTransport( "Hello NEWLab! \n",14 ); // 串口打印
5    // Setup the GAP 设置 GAP 角色,这是从机与主机建立连接的重要部分
6    VOID  GAP_SetParamValue( TGAP_CONN_PAUSE_PERIPHERAL, DEFAULT_
     CONN_PAUSE_PERIPHERAL );
7    // Setup the GAP Peripheral Role Profile
8    {#if defined( CC2540_MINIDK )
9        uint8 initial_advertising_enable = FALSE;      // 需要按键启动
10     #else
11       uint8 initial_advertising_enable = TRUE;       // 不需要按键启动
```

```
12    #endif
13      // 注意：以下 9 个 GAPRole_SetParameter( )函数是设置 GAP 角色参数,请查看源
      代码
14      ……
15    }
16  // Setup the GAP Bond Manager 设置 GAP 角色配对与绑定
17  { uint32 passkey = 0; // passkey "000000"    // 绑定密码
18    ……
19  }
20  // Setup the SimpleProfile Characteristic Values 设置 Profile 的特征值
21  { uint8 charValue1 = 1;
22      uint8 charValue2 = 2;
23      uint8 charValue3 = 3;
24      uint8 charValue4 = 4;
25  uint8 charValue5[SIMPLEPROFILE_CHAR5_LEN] = { 1, 2, 3, 4, 5 };
26      // 以下是设置 Profile 的特征值的初值
27    ……
28    }
29      // Register callback with SimpleGATTprofile 注册特征值改变时的回调函数
30      VOID SimpleProfile_RegisterAppCBs( &simpleBLEPeripheral_SimpleProfileCBs );
31      // Setup a delayed profile startup 启动 BLE 从机,开始进入任务函数循环
32  osal_set_event( simpleBLEPeripheral_TaskID, SBP_START_DEVICE_EVT );
33  }
```

程序分析：虽然任务初始化函数很复杂,但是只要我们明白关键的代码,如 GAP(负责连接参数设置,第 5~19 行)、GATT(负责主从通信参数设置,第 20~30 行)参数设置,还有启动事件 SBP_START_DEVICE_EVT(第 32 行),启动该事件之后,进入系统事件处理函数。

（2）SimpleBLEPeripheral_ProcessEvent( )从机事件处理函数。

```
1  uint16 SimpleBLEPeripheral_ProcessEvent( uint8 task_id, uint16 events )
2  {   VOID task_id; // OSAL required parameter that isn't used in this function
3    if( events & SYS_EVENT_MSG )                // 系统事件,包括按键
4  {   uint8 *pMsg;
5    if( ( pMsg = osal_msg_receive( simpleBLEPeripheral_TaskID ))! = NULL )
6  {   simpleBLEPeripheral_ProcessOSALMsg( ( osal_event_hdr_t * )pMsg );
7      VOID osal_msg_deallocate( pMsg );          // 释放 OSAL 信息内存
```

```
8    }
9      return( events ^ SYS_EVENT_MSG );                    //返回未处理事件
10   }
11   if( events & SBP_START_DEVICE_EVT )    //初始化函数启动的事件,启动从机设
                                                            //备
12   {   //传递设备状态改变时的回调函数
13     VOID GAPRole_StartDevice( &simpleBLEPeripheral_PeripheralCBs );
14     VOID GAPBondMgr_Register( &simpleBLEPeripheral_BondMgrCBs ); //绑定管理
                                                            //注册
15   osal_start_timerEx( simpleBLEPeripheral_TaskID, SBP_PERIODIC_EVT,
16   SBP_PERIODIC_EVT_PERIOD );
17   return( events ^ SBP_START_DEVICE_EVT );
18   }
19   if( events & SBP_PERIODIC_EVT )          //周期性事件
20   {   if( SBP_PERIODIC_EVT_PERIOD )
21     { osal_start_timerEx( simpleBLEPeripheral_TaskID, SBP_PERIODIC_EVT,
22   SBP_PERIODIC_EVT_PERIOD );
23     }
24   performPeriodicTask( );          //调用周期任务函数
25     return( events ^ SBP_PERIODIC_EVT );
26   }
27   #if defined( PLUS_BROADCASTER )
28   if( events & SBP_ADV_IN_CONNECTION_EVT )        //连接事件
29   { uint8 turnOnAdv = TRUE;
30   GAPRole_SetParameter(   GAPROLE_ADVERT_ENABLED,   sizeof(   uint8   ),
     &turnOnAdv );
31       return( events ^ SBP_ADV_IN_CONNECTION_EVT );
32     }
33   #endif // PLUS_BROADCASTER
34     return 0;
35   }
```

程序分析:该函数处理的事件包括系统事件、节点设备启动事件、周期性事件以及其他事件,关键要理解的内容如下。

①节点设备在初始化函数中启动了一个 SBP_START_DEVICE_EVT 事件,该事件在该函数中被处理,处理的内容包括:开启节点设备,并传递设备状态改变时的回调函数(第13行);开启绑定管理,并传递绑定管理回调函数(第14行);以及启动周期事件(第15行)。

② VOID GAPRole_StartDevice(&simpleBLEPeripheral_PeripheralCBs)函数中的回调函数的作用:当设备状态改变时,会自动调用该函数,具体在 simpleBLEPeripheral.c 和 peripheral.h 文件中定义。

```
1    //********************** 以下代码在 peripheral.h 中定义 ******************
2    typedef void( *gapRolesStateNotify_t )( gaprole_States_tnewState );
3    typedef void( *gapRolesRssiRead_t )( int8 newRSSI );
4    typedef struct
5    { gapRolesStateNotify_tpfnStateChange;
6    gapRolesRssiRead_tpfnRssiRead;
7    } gapRolesCBs_t;
8    //**************** 以下代码在 simpleBLEPeripheral.c 中定义 ****************
     *******
9    static gapRolesCBs_tsimpleBLEPeripheral_PeripheralCBs =
10   { peripheralStateNotificationCB,    // 状态改变回调函数
11   NULL
12   };
13   //************************************************************************
     **************
14   static void peripheralStateNotificationCB( gaprole_States_tnewState )
15   { switch( newState )
16   { case GAPROLE_STARTED:          // 设备启动 GAPROLE_STARTED=0x01
17       { ......
18   HalLcdWriteString( bdAddr2Str( ownAddress ), HAL_LCD_LINE_2 ); // 显示设
                                                                      // 备地址
19   HalLcdWriteString( "Initialized", HAL_LCD_LINE_3 ); // 显示初始化完成字符
20       #endif //( defined HAL_LCD )&&( HAL_LCD == TRUE )
21       }
22       break;
23     case GAPROLE_ADVERTISING:      // 广播 GAPROLE_ADVERTISING=0x02
24     {#if( defined HAL_LCD )&&( HAL_LCD == TRUE )
25   HalLcdWriteString( "Advertising", HAL_LCD_LINE_3 );    // 显示广播字符
26       #endif //( defined HAL_LCD )&&( HAL_LCD == TRUE )
27     }
28     break;
29     case GAPROLE_CONNECTED:       // 已连接 GAPROLE_CONNECTED=0x05
```

30	······ break;
31	case GAPROLE_WAITING： // 断开连接 GAPROLE_WAITING=0x03
32	······ break;
33	case GAPROLE_WAITING_AFTER_TIMEOUT：// 超时等待 GAPROLE_WAIT // ING_AFTER_TIMEOUT=0x04
34	······ break;
35	case GAPROLE_ERROR： // 错误状态 GAPROLE_ERROR=0x06
36	······ break;
37	default：
38	······
39	}

程序分析：该函数处理节点设备启动、广播等 6 个状态,并将状态显示在 LCD 上,也可以打印到串口。

（3）主机连接过程分析。

SimpleBLECentral 工程作为主机,默认状态要使用 Joystick 按键来启动主、从机连接。主机连接过程大概可以分为初始化、按键搜索节点设备、按键查看搜索到的从机、按键选择从机并且连接等环节。

①初始化。

打开 SimpleBLECentral.eww 工程,路径：...Projects\ble\SimpleBLECentral\CC2541。

SimpleBLECentral_Init(uint8 task_id)函数关键代码如下。

1	void SimpleBLECentral_Init(uint8 task_id)
2	{ simpleBLETaskId = task_id;
3	{ uint8 scanRes = DEFAULT_MAX_SCAN_RES; // 最大的扫描响应从机个数为 8 个
4	GAPCentralRole_SetParameter（ GAPCENTRALROLE_MAX_SCAN_RES, sizeof(uint8), &scanRes);
5	} // 设置主机最大扫描从机的个数为 8 个,即主机可以与 8 个中的任务一个从机 // 建立连接
6	//*********** 省略：GAP 服务设置 绑定管理设置代码,详见源程序 *********** ***********
7	VOID GATT_InitClient( ); // Initialize GATT Client 初始化客户端
8	GATT_RegisterForInd(simpleBLETaskId); // 注册 GATT 的 notify 和 indicate 的接 // 收端
9	GGS_AddService(GATT_ALL_SERVICES); // GAP
10	GATTServApp_AddService(GATT_ALL_SERVICES); // GATT 属性
11	RegisterForKeys(simpleBLETaskId); // 注册按键服务

```
12    osal_set_event( simpleBLETaskId, START_DEVICE_EVT );    // 主机启动事件
13    }
```

程序分析:该初始化函数的功能主要如下。

（a）设置主机最大扫描节点设备的个数,默认为 8 个。

（b）GAP 服务设置,绑定管理设置,GATT 属性初始化,注册按键服务。

（c）第 7 行,初始化客户端,注意的是:SimpleBLECentral 工程对应 Client(客户端)、主机,而 SimpleBLEPeripheral 工程对应 Service(服务器)、从机。Client(客户端)会调用 GATT_WriteCharValue 或者 GATT_ReadCharValue 来和 Service(服务器)通信;但是 Service（服务器）只能通过 notify 的方式,也就是调用 GATT_Notification 发起和 Client(客户端)的通信。

（d）第 12 行,设置一个事件,主机启动事件,进入系统事件处理函数。

SimpleBLECentral_ProcessEvent( )事件处理函数关键代码如下。

```
1     uint16 SimpleBLECentral_ProcessEvent( uint8 task_id, uint16 events )
2     {   VOID task_id; // OSAL required parameter that isn't used in this function
3       if( events & SYS_EVENT_MSG )        // 系统消息事件, 按键触发、GATT 等事件
4       { uint8 *pMsg;
5         if( ( pMsg = osal_msg_receive( simpleBLETaskId ))! = NULL )
6           {   simpleBLECentral_ProcessOSALMsg( ( osal_event_hdr_t * )pMsg );// 系统事
                                                              // 件处理函数
7             VOID osal_msg_deallocate( pMsg );
8           }
9         return( events ^ SYS_EVENT_MSG );
10      }
11      if( events & START_DEVICE_EVT )        // 初始化之后,开始启动主机( 最先执行该
                                                              // 事件 )
12      {VOID GAPCentralRole_StartDevice(( gapCentralRoleCB_t* )&simpleBLERoleCB );
13      GAPBondMgr_Register(( gapBondCBs_t * )&simpleBLEBondCB );
14      return( events ^ START_DEVICE_EVT );
15      }
16      if( events & START_DISCOVERY_EVT )      // 主机扫描从机 Service( 开始扫描 BLE
                                                              // 从机的 service )
17      {simpleBLECentralStartDiscovery( );    // 该事件是主机发起连接时,如果还未发现
                                                              // 从机 service 时会调用
18        return( events ^ START_DISCOVERY_EVT );
19      }
```

20	return 0;
21	}

程序分析如下。

（a）第 12~13 行,开始启动主机,并且传递了两个回调函数地址: simpleBLERoleCB 和 simpleBLEBondCB。

1	// GAP Role Callbacks　GAP 服务(角色)回调函数
2	static const gapCentralRoleCB_tsimpleBLERoleCB =
3	{ simpleBLECentralRssiCB,　　　　// RSSI callback RSSI 信号值回调函数
4	simpleBLECentralEventCB　　　//GAP Event callback GAP 事件回调函数,告之主
	// 机当前的状态
5	};
6	// Bond Manager Callbacks 绑定管理回调函数
7	static const gapBondCBs_tsimpleBLEBondCB =
8	{ simpleBLECentralPasscodeCB,
9	simpleBLECentralPairStateCB
10	};

说明:第 4 行 simpleBLECentralEventCB 回调函数很复杂,通知用户主机当前的状态。如:主机初始化完毕,在 LCD 上显示 "BLE Central" 和主机的设备地址。

1	static void simpleBLECentralEventCB(gapCentralRoleEvent_t *pEvent)
2	{ switch(pEvent->gap.opcode)
3	{ case GAP_DEVICE_INIT_DONE_EVENT:　　// 主机已经初始化完毕
4	{ LCD_WRITE_STRING("BLE Central", HAL_LCD_LINE_1);
5	LCD_WRITE_STRING(bdAddr2Str(pEvent->initDone.devAddr), HAL_LCD_LINE_2);
6	}
7	break;
8	case GAP_DEVICE_INFO_EVENT:
9	……　　break;
10	case GAP_DEVICE_DISCOVERY_EVENT:　　// 发现了 BLE 从机
11	……　　break;
12	case GAP_LINK_ESTABLISHED_EVENT:　// 建立连接时,定时触发 START_
	// DISCOVERY_EVT 事件

```
13        ······//START_DISCOVERY_EVT 事件在 SimpleBLECentral_ProcessEvent( )事
          //件函数中处理
14    Osal_start_timerEx( simpleBLETaskId, START_DISCOVERY_EVT, DEFAULT_SVC_
      DISCOVERY_DELAY )
15    ······        break;
16      case GAP_LINK_TERMINATED_EVENT:
17    ······        break;
18      case GAP_LINK_PARAM_UPDATE_EVENT:
19    ······        break;
20    }}
```

（b）第 16~17 行，主机扫描从机，通过调用 simpleBLECentralStartDiscovery 函数，开始扫描从机的 Service。该事件是主机发起连接时，若还未发现从机 service 时会调用。

②按键搜索、查看、选择、连接节点设备。

SimpleBLECentral 工程默认采用按键进行从机搜索、连接，当有按键动作时，会触发 KEY_CHANGE 事件，进入 simpleBLECentral_HandleKeys( ) 函数。按键的功能如表 7-1 所示。

表 7-1　SimpleBLECentral 工程默认的按键功能

按键	功能
UP	1. 开始或停止设备发现；2. 连接后可读写特征值
LEFT	显示扫描到的节点设备，在 LCD 中滚动显示
RIGHT	连接更新
CENTER	建立或断开当前连接
DOWN	启动或关闭周期发送 RSSI 信号值

```
1    static void simpleBLECentral_HandleKeys( uint8 shift, uint8 keys )
2    { if( keys & HAL_KEY_UP )              // Start or stop discovery 开始或停止设备发现
3    { if( simpleBLEState ! = BLE_STATE_CONNECTED )// 判断有没有连接
4      { if( ! simpleBLEScanning )         // 判断主机是否正在扫描
5      { simpleBLEScanning = TRUE;         // 若没有正在扫描，则执行以下代码
6    simpleBLEScanRes = 0;
7        LCD_WRITE_STRING( "Discovering...", HAL_LCD_LINE_1 );
8        LCD_WRITE_STRING( "", HAL_LCD_LINE_2 );
9    GAPCentralRole_StartDiscovery( DEFAULT_DISCOVERY_MODE,
10                                    DEFAULT_DISCOVERY_ACTIVE_SCAN,
11                                    DEFAULT_DISCOVERY_WHITE_LIST );
```

```
12        }else
13        {    GAPCentralRole_CancelDiscovery( );    } // 主机正在扫描,则取消扫描
14      }  else if( simpleBLEState == BLE_STATE_CONNECTED &&
15    simpleBLECharHdl ! = 0 &&
16    simpleBLEProcedureInProgress == FALSE )    // 处于连接状态
17      {  // 以下省略:读写特征值代码
18    }
19    if( keys & HAL_KEY_LEFT )// Display discovery results 显示发现结果
20    { if( ! simpleBLEScanning&&simpleBLEScanRes>0 )// 主机处于正扫状态? 并扫到
                                                    // 的设备为 0?
21      {    simpleBLEScanIdx++;          // 用于滚动显示多个设备的索引
22        if( simpleBLEScanIdx>= simpleBLEScanRes )// 索引是否大于扫描到的数量
23        {    simpleBLEScanIdx = 0;        } // 若是,则对索引清零
24    LCD_WRITE_STRING_VALUE( "Device", simpleBLEScanIdx + 1, 10, HAL_LCD_
      LINE_1 );
25        LCD_WRITE_STRING( bdAddr2Str( simpleBLEDevList[simpleBLEScanIdx].
      addr ),
26                          HAL_LCD_LINE_2 );// 根据索引不同显示不同的设备
27      }}
28    if( keys & HAL_KEY_RIGHT )// Connection update 连接更新
29    { if( simpleBLEState == BLE_STATE_CONNECTED )   // 主机处于连接状态?
30      {  GAPCentralRole_UpdateLink( simpleBLEConnHandle,
31                          DEFAULT_UPDATE_MIN_CONN_INTERVAL,
32                          DEFAULT_UPDATE_MAX_CONN_INTERVAL,
33                          DEFAULT_UPDATE_SLAVE_LATENCY,
34                          DEFAULT_UPDATE_CONN_TIMEOUT );
35      }}
36    if( keys & HAL_KEY_CENTER )// 建立或断开当前连接
37    { uint8 addrType;   uint8 *peerAddr;
38      if( simpleBLEState == BLE_STATE_IDLE )  // Connect or disconnect
39      { if( simpleBLEScanRes> 0 )// 若有扫描到的设备,则主机与该设备建立连接
40        { peerAddr = simpleBLEDevList[simpleBLEScanIdx].addr;
41    addrType = simpleBLEDevList[simpleBLEScanIdx].addrType;
42    simpleBLEState = BLE_STATE_CONNECTING;
43    GAPCentralRole_EstablishLink( DEFAULT_LINK_HIGH_DUTY_CYCLE,
44                          DEFAULT_LINK_WHITE_LIST,
```

```
45    addrType, peerAddr );
46          LCD_WRITE_STRING( "Connecting", HAL_LCD_LINE_1 );
47          LCD_WRITE_STRING( bdAddr2Str( peerAddr ), HAL_LCD_LINE_2 );
48        } }
49      else if( simpleBLEState == BLE_STATE_CONNECTING ||
50    simpleBLEState == BLE_STATE_CONNECTED )// 若处于正在连接或已连接,则断
                                                                      // 开
51        { simpleBLEState = BLE_STATE_DISCONNECTING; // 未连接
52    gStatus = GAPCentralRole_TerminateLink( simpleBLEConnHandle );
53          LCD_WRITE_STRING( "Disconnecting", HAL_LCD_LINE_1 );
54        } }
55    if( keys & HAL_KEY_DOWN )   // 开始或取消 RSSI 信号值的周期性显示
56    { if( simpleBLEState == BLE_STATE_CONNECTED )   // 主机是否处于连接状态
57      { if( ! simpleBLERssi )
58        { simpleBLERssi = TRUE;
59    GAPCentralRole_StartRssi( simpleBLEConnHandle, DEFAULT_RSSI_PERIOD );
60        } else
61        { simpleBLERssi = FALSE;
62    GAPCentralRole_CancelRssi( simpleBLEConnHandle );
63          LCD_WRITE_STRING( "RSSI Cancelled", HAL_LCD_LINE_1 );
64        }     }   }}
```

7.3.3　任务实施

第一步,主机采用串口指令等同按键功能。

由于蓝牙模块没有 "Joystick" 按键,所以采用串口发指令方式代替按键,串口指令 1、2、3、4、5 分别对应 "Joystick" 按键的 UP、LEFT、RIGHT、CENTER、DOWN。需要把按键程序移植到串口接收处理函数 NpiSerialCallback( )中去,具体如下所示。

```
1    static void NpiSerialCallback( uint8 port, uint8 events )
2    {( void )port;
3      uint8 numBytes = 0;
4      uint8 buf[5];
5    if( events & HAL_UART_RX_TIMEOUT )              // 串口有数据?
6    {numBytes = NPI_RxBufLen( );                    // 读出串口缓冲区有多少字节
7    NPI_ReadTransport( buf,numBytes );     // 读出串口缓冲区的数据
8        if( buf[0]==0x01 )  //UP   将 keys & HAL_KEY_UP 修改为 buf[0]==0x01
```

```
9        {  ……代码与 UP 键原有代码一样            }
10    if（buf[0]==0x02） //LEFT 将 keys & HAL_KEY_LEFT 修改为 buf[0]==0x02
11    {  ……代码与 LEFT 键原有代码一样            }
12        if（buf[0]==0x03） //RIGHT 将 keys & HAL_KEY_RIGHT 修改为 buf[0]==0x03
13    {  ……代码与 RIGHT 键原有代码一样            }
14    if（buf[0]==0x04） //CENTER 将 keys & HAL_KEY_CENTER 修改为 buf[0]==0x04
15    {  ……代码与 CENTER 键原有代码一样           }
16        if（buf[0]==0x05） //DOWN 将 keys & HAL_KEY_DOWN 修改为 buf[0]==0x05
17    {  ……代码与 DOWN 键原有代码一样            }
18    }}
```

第二步,给主从机下载程序测试功能。

1.给主机下载程序

编译下载程序到蓝牙模块中,上电运行,在串口调试软件上显示主机名称(BLE Central)、芯片厂家(Texas Instruments)和设备地址(0x780473BFDB98),如图 7-20 所示。

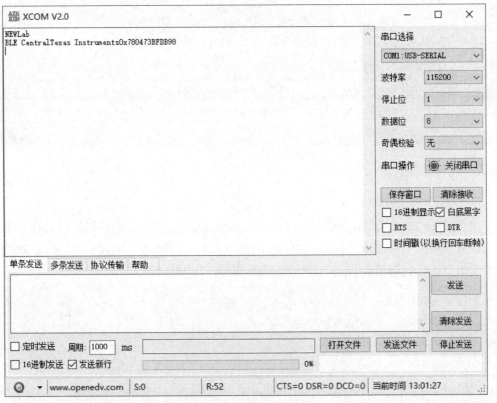

图 7-20　BLE 主机

2.给从机下载程序

在 Workspace 栏内选择"CC2541",编译下载程序到蓝牙模块中,上电运行,在串口调试软件上显示从机名称(BLE Peripheral)、芯片厂家(Texas Instruments)、设备地址(0x780473BFD738)、初始化完成提示字符(Initialized)和设备广播状态(Advertising),如图 7-21 所示。

图 7-21　BLE 从机

3. 功能测试

(1)主机对应的计算机串口发送指令"1",搜索节点设备。

(2)主机对应的计算机串口发送指令"2",查看搜索的节点设备,显示节点设备的编号。

(3)主机对应的计算机串口发送指令"4",与搜索到的节点设备进行连接,显示与节点设备连接等相关信息。

(4)主机对应的计算机串口发送指令"5",周期显示 RSSI 信号值,再发指令"5"则取消显示。

(5)在当前连接的状态下,主机对应的计算机串口发送指令"1",会执行读写 char,发送指令"1"是 write char,然后发送指令"1"是 read char,每一次循环,读写的 char 值增加 1。

(6)在当前连接的状态下,主机对应的计算机串口发送指令"4",主机与从机断开,同时,从机又处于广播状态。

7.4　任务 3:基于 BLE 协议栈的无线点灯

7.4.1　任务要求

采用两台 NEWLab 平台,每个平台上固定一个蓝牙模块,主机平台与计算机相连,从机平台上固定继电器和灯泡模块。在计算机上，使用 BTool 工具控制命令，使主、从机建立连接，并且通过 BTool 工具能控制灯泡亮和灭。

7.4.2　必备知识

1. 蓝牙 4.0 BLE 应用数据传输剖析

主机与从机建立连接之后，会进行服务发现、特征发现、数据读写等数据传输。当主机需要读取从机中提供的应用数据时，首先进行 GATT 数据服务发现，给出想要发现的主服务 UUID，只有主服务 UUID 匹配，才能获得 GATT 数据服务。主机与从机数据传输的过程如下。

（1）首先从机发起搜索请求，搜索正在广播的节点设备，若 GAP 服务的 UUID 相匹配，则主机与节点设备可以建立连接。

（2）主机发起建立连接请求，节点设备响应后，主机与从机建立连接。

（3）主机发起主服务 UUID 进行 GATT 服务发现。

（4）发现 GATT 服务后，主机发送要进行数据读写操作的特征值的 UUID，获取特征值的句柄，即采用发送 UUID 方式获得句柄。

（5）通过句柄，对特征值进行读写操作。

应用数据传输流程如图 7-22 所示。

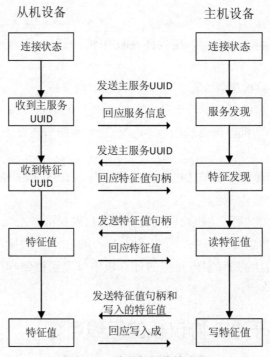

图 7-22　应用数据传输流程

2. Profile 规范

Profile 规范是一种标准通信协议，定义了设备如何实现一种连接或者应用。Profile 规范存在于从机中,蓝牙组织规定了一系列的标准 Profile 规范,例如 HID OVER GATT、防丢器、心率计等。同时,产品开发者也可以根据需求自己新建 Profile,即非标准的 Profile 规范。

1)GATT 服务(GATT Server)

BLE 协议栈的 GATT 层是用于应用程序在两个连接设备之间的数据通信。在设备连接后,主机将作为 GATT Client,是从 GATT 服务器读 / 写数据的设备;从机将作为 GATT Server,是包含客户端(主机)需要读 / 写数据的设备。

在 BLE 从机中,每个 Profile 中会包含多个 GATT Server,每个 GATT Server 代表从机的一种能力。而且每个 GATT Server 里又包括了多个特征值(Characteristic),每个具体的特征值,才是 BLE 通信的主体。例如:某电子产品当前的电量是 70%,所以会通过电量的特征值存在从机的 Profile 里,这样主机就可以通过这个特征值来读取当前电量。

2)特征值(Characteristic)

BLE 主从机的通信均是通过 Characteristic 来实现,可以理解为一个标签,通过这个标签可以获取或者写入想要的内容。

3)统一识别码(UUID)

刚才提到的 Service 和 Characteric 都需要一个唯一的 UUID 来标识。

每个从机都会有一个 Profile,不管是自定义的 Simpleprofile,还是标准的防丢器 Profile,它们都是由一些 Service 组成,每个 Service 又包含了多个 Characteristic,主机和从机之间的通信,均是通过 Characteristic 来实现。

GATT 主服务的 UUID 为 FFF0,特征值 1、特征值 2……的 UUID 依次为 FFF1、FFF2……

4)句柄(Handle)

GATT 服务将整个服务加到属性表中,并为每个属性分配唯一的句柄。

3. GATT 数据服务发现

在 simpleBLECentralEventCB( )GAP 事件回调函数中提道:在主从机建立连接之后,使用 OSAL 定时器设置了一个定时事件 START_DISCOVERY_EVT,即 GATT 服务发现事件。定时时间到达后,调用 SimpleBLECentral_ProcessEvent( )事件处理函数来处理该事件。

```
1    uint16 SimpleBLECentral_ProcessEvent( uint8 task_id, uint16 events )
2    {  ……
3    if( events & START_DISCOVERY_EVT )              // 开始发现事件有效否?
4    {   simpleBLECentralStartDiscovery( );  // 调用服务发现函数,进行 GATT 数据服
                                             // 务发现。
5        return( events ^ START_DISCOVERY_EVT );
6    }
7    ……
8    //************************************************************
```

```
9    static void simpleBLECentralStartDiscovery( void )
10   {  uint8  uuid[ATT_BT_UUID_SIZE] = { LO_UINT16( SIMPLEPROFILE_SERV_
     UUID ),
11                                HI_UINT16( SIMPLEPROFILE_SERV_
     UUID )};
12   simpleBLESvcStartHdl = simpleBLESvcEndHdl = simpleBLECharHdl = 0;
13   simpleBLEDiscState = BLE_DISC_STATE_SVC; //将当前发现状态标志设为服务发
                                           //现
14   // Discovery simple BLE service
15   GATT_DiscPrimaryServiceByUUID( simpleBLEConnHandle, uuid,
16   ATT_BT_UUID_SIZE, simpleBLETaskId );
17   }
```

程序分析如下。

（1）第 10~11 行,指定想要发现的主服务 UUID,在 simpleGATTprofile.h 文件中定义为:#define SIMPLEPROFILE_SERV_UUID 0xFFF0。

（2）第 12 行,将服务的起始句柄、结束句柄、特征句柄清零。

（3）第 15 行,通过指定的 UUID 发现 GATT 主服务,从机会回应一个 SYS_EVENT_MSG 事件,进一步处理相关内容,如以下粗体部分代码。

```
1    uint16 SimpleBLECentral_ProcessEvent( uint8 task_id, uint16 events )
2    { VOID task_id; // OSAL required parameter that isn't used in this function
3    if( events & SYS_EVENT_MSG )
4    { uint8 *pMsg;
5     if( ( pMsg = osal_msg_receive( simpleBLETaskId ))! = NULL )
6     { simpleBLECentral_ProcessOSALMsg( ( osal_event_hdr_t * )pMsg );
7        VOID osal_msg_deallocate( pMsg ); // Release the OSAL message
8     }
9    ……
10   //***************************************************************
11   static void simpleBLECentral_ProcessOSALMsg( osal_event_hdr_t *pMsg )
12   { switch( pMsg->event )
13     { case GATT_MSG_EVENT:
14     simpleBLECentralProcessGATTMsg( ( gattMsgEvent_t * )pMsg );
15        break;
16   ……
17   //***************************************************************
```

```
18   static void simpleBLECentralProcessGATTMsg( gattMsgEvent_t *pMsg )
19   {……
20     else if( simpleBLEDiscState！＝BLE_DISC_STATE_IDLE )// 应用数据的发现
21     {  simpleBLEGATTDiscoveryEvent( pMsg );
22     }
23     ……
24     //******************************************************************
25   static void simpleBLEGATTDiscoveryEvent( gattMsgEvent_t *pMsg )
26   {attReadByTypeReq_t req;
27     if( simpleBLEDiscState == BLE_DISC_STATE_SVC )
28     { if( pMsg->method == ATT_FIND_BY_TYPE_VALUE_RSP &&
29   1pMsg->msg.findByTypeValueRsp.numInfo> 0 )// 服务发现,存储句柄
30       {simpleBLESvcStartHdl = pMsg->msg.findByTypeValueRsp.handlesInfo[0].handle;
31   simpleBLESvcEndHdl=pMsg->msg.findByTypeValueRsp.handlesInfo[0].grpEndHandle;
32       }
33       // If procedure complete
34       if( ( pMsg->method == ATT_FIND_BY_TYPE_VALUE_RSP &&
35   pMsg->hdr.status == bleProcedureComplete )||( pMsg->method == ATT_ERROR_RSP ) )
36       { if( simpleBLESvcStartHdl！＝0 )
37         { // Discover characteristic
38   simpleBLEDiscState = BLE_DISC_STATE_CHAR;
39   req.startHandle = simpleBLESvcStartHdl;
40   req.endHandle = simpleBLESvcEndHdl;
41   req.type.len = ATT_BT_UUID_SIZE;
     req.type.uuid[0] ＝ LO_UINT16( SIMPLEPROFILE_CHAR1_UUID ); //CHAR1 的
42                                                                   //uuid
43   req.type.uuid[1] = HI_UINT16( SIMPLEPROFILE_CHAR1_UUID );
44   GATT_ReadUsingCharUUID( simpleBLEConnHandle, &req, simpleBLETaskId );
45         }
46     ……
```

程序分析如下。

(1)主机从天线收到返回信息的程序执行过程为:SimpleBLECentral_ProcessEvent->
SimpleBLECentralProcessGATTMsg->SimpleBLECentralGATTDiscoveryEvent。

(2)第 28~31 行,获取返回的消息中的 GATT 服务的起始句柄和结束句柄。

(3)第 36~43 行,若获得的起始句柄不为 0,则填充 req 结构体。

(4)第 44 行,采用 UUI0D 方式获取特征值的句柄,发送这个信息之后,主机接收到从

机的返回信息,然后会按照(1)中的步骤执行,再次调用 SimpleBLE…DiscoveryEvent( )函数。具体代码如下。

```
1   static void simpleBLEGATTDiscoveryEvent( gattMsgEvent_t *pMsg )
2   {……
3   else if( simpleBLEDiscState == BLE_DISC_STATE_CHAR )
4   { // 特征值发现,存储句柄
5     if( pMsg->method == ATT_READ_BY_TYPE_RSP &&pMsg->msg.readByTypeR-
sp.numPairs>0 )
6     { simpleBLECharHdl = BUILD_UINT16( pMsg->msg.readByTypeRsp.dataList[0],
7   pMsg->msg.readByTypeRsp.dataList[1] );
8       LCD_WRITE_STRING( "Simple Svc Found", HAL_LCD_LINE_1 ); // 显示字
// 符表示找到句柄
9   simpleBLEProcedureInProgress = FALSE; // 处理进程序标志位
10      }
11  simpleBLEDiscState = BLE_DISC_STATE_IDLE; // 处理进程序标志位
12  }
```

程序分析如下。

(1)第6行,存储特征值的句柄。获取特征值的句柄之后,就可以通过这个句柄来进行该特征值的读写操作。

(2)第8行,LCD 或串口显示字符串"Simple Svc Found",表示已经找到特征值句柄。

4. 数据发送

在 BLE 协议栈中,数据发送包括主机向从机发送数据和从机向主机发送数据,即前者是 GATT 的 Client 主动向 Service 发送数据;后者是 GATT 的 Service 主动向 Client 发送数据,其实是从机通知主机来读数据。

1)主机向从机发送数据

在主从机已建立连接的状态下,主机通过特征值的句柄对特征值的写操作,思路如下。

首先,主机对句柄、发送数据长度等变量进行填充,再调用 GATT_WriteCharValue 函数实现向从机发送数据。

```
1   typedef struct
2   { uint16 handle;
3   uint8 len;
4   uint8 value[ATT_MTU_SIZE-3];      // ATT_MTU_SIZE 为 23,规定长度为 20
5   uint8 sig;
6   uint8 cmd;
7   } attWriteReq_t;
```

```
8     //******************************************************************
      ***************
9     attWriteReq_t req;              // 定义结构体变量 req
10    req.handle = simpleBLECharHdl;  // 填充句柄
11    req.len = 1;                              // 填充发送数据长度
12    req.value[0] = simpleBLECharVal;         // 填充发送数据
13    req.sig = 0;                             // 填充信号状态
14    req.cmd = 0;                             // 填充命令标志
15    status = GATT_WriteCharValue( simpleBLEConnHandle, &req, simpleBLETaskId );
```

程序分析：第 15 行调用写特征值函数，向指定的句柄中写入数据，并返回状态标志来判断是否正在进行写入数据的操作。

其次，从机收到写特征值的请求以及句柄后，把数据写入句柄对应的特征值中，从机处理流程为：simpleProfile_WriteAttrCB->simpleProfileChangeCB。主机接收到从机的返回数据时，调用事件处理函数流程为：SimpleBLECentral_ProcessEvent->simpleBLECentral_ProcessOSALMsg->simpleBLECentralProcessGATTMsg。

```
1     static void simpleBLECentralProcessGATTMsg( gattMsgEvent_t *pMsg )
2     { ……
3     else if( ( pMsg->method == ATT_WRITE_RSP )|| ( ( pMsg->method == ATT_ER-
      ROR_RSP )
4     &&( pMsg->msg.errorRsp.reqOpcode == ATT_WRITE_REQ ) ) )
5       { if( pMsg->method == ATT_ERROR_RSP == ATT_ERROR_RSP )// 写操作失败
6         { uint8 status = pMsg->msg.errorRsp.errCode; // 读操作失败码显示在 LCD 上
7           LCD_WRITE_STRING_VALUE( "Write Error", status, 10, HAL_LCD_
      LINE_1 );
8         }
9       else // 写操作完成
10        { LCD_WRITE_STRING_VALUE( "Write sent：", simpleBLECharVal++, 10,
      HAL_LCD_LINE_1 );
11      }
12    simpleBLEProcedureInProgress = FALSE;  // 将处理过程标志位置 FALSE，表示写操
                                             // 作完成
13    }
14    ……
```

程序分析：写操作的返回信息包括是否写入错误，如第 5~8 行代码；写入的数据个数，有时一组数据要分成几次才能写完成，详见任务 4：基于 BLE 协议栈的串口透传。

2）从机向主机发送数据

首先主机应开启特征值的通知功能，从机再调用 GATT_Notification 函数，或者修改带通知功能的特征值，通知主机来读数据，实现从机向主机发送数据，而不是像主机那样调用 GATT_WriteCharValue 函数实现数据传输。

5. 数据接收

在 BLE 协议栈中，数据接收包括主机接收从机发来数据和从机接收主机发来的数据。

1）主机接收从机发送数据

在主从机已建立连接的状态，主机通过特征值的句柄对特征值的读操作，思路如下。

首先，调用 GATT_ReadCharValue 函数读取从机的数据。

```
1    attReadReq_t req；
2    req.handle = simpleBLECharHdl；// 填充句柄
3    status = GATT_ReadCharValue( simpleBLEConnHandle, &req, simpleBLETaskId )；
```

程序分析：第 3 行调用读特征值函数，从指定的句柄中读取数据，并返回状态标志来判断是否正在进行读数据的操作。

其次，从机收到读特征值的请求以及句柄后，将特征值数据返回给主机。从机要在函数 simpleProfile_ReadAttrCB 中处理。主机接收到从机的返回数据时，调用事件处理函数的流程为：SimpleBLECentral_ProcessEvent->simpleBLECentral_ProcessOSALMsg->simpleBLECentralProcessGATTMsg。

```
1    static void simpleBLECentralProcessGATTMsg( gattMsgEvent_t *pMsg )
2    { ……
3    if（（ pMsg->method == ATT_READ_RSP ）||（（ pMsg->method == ATT_ERROR_
     RSP ）&&
4            （ pMsg->msg.errorRsp.reqOpcode == ATT_READ_REQ ）））
5    { if（ pMsg->method == ATT_ERROR_RSP ） //读操作失败
6      { uint8 status = pMsg->msg.errorRsp.errCode；// 读操作失败码显示在 LCD 上
7        LCD_WRITE_STRING_VALUE（ "Read Error", status, 10, HAL_LCD_
     LINE_1 ）；
8    }
9    else                //读操作成功
10   { // After a successful read, display the read value
11      uint8 valueRead = pMsg->msg.readRsp.value[0]；// 获得需要读的数据，显示在 LCD 上
12      LCD_WRITE_STRING_VALUE（ "Read rsp：", valueRead, 10, HAL_LCD_
     LINE_1 ）；
13   }
```

```
14    simpleBLEProcedureInProgress = FALSE;// 将处理过程标志位置 FALSE,表示读操作
                                            // 完成
15    }
16    ……
```

2)从机接收主机发送数据

在从机接收到主机发来的数据后,从机会产生一个 GATT Profile Callback 回调,在 simpleProfileChangeCB( )回调函数中接收主机发送的数据。这个 callback 在从机初始化时向 Profile 注册。

```
1     static simpleProfileCBs_tsimpleBLEPeripheral_SimpleProfileCBs =
2     { simpleProfileChangeCB  }; // Charactersitic value change callback
3     // Register callback with SimpleGATTprofile  注册特征值改变时的回调函数
4        VOID SimpleProfile_RegisterAppCBs( &simpleBLEPeripheral_SimpleProfileCBs );
5     //****************************************************************
      ************
6     static void simpleProfileChangeCB( uint8 paramID )
7     { uint8 newValue;
8       switch( paramID )
9       { case SIMPLEPROFILE_CHAR1:                    // 特征值 1 编号
10    SimpleProfile_GetParameter( SIMPLEPROFILE_CHAR1, &newValue ); // 获得特征
                                                              // 值
11    ……
```

7.4.3　任务实施

第一步,启动 BTool 工具。

如果没有 USB Dongle 板,可以采用一块蓝牙模块来代替,这里采用代替方式。

(1)向蓝牙模块中写入固件"HostTestRelease 工程",制作 USB Dongle 板。

打开 HostTestRelease.eww 工程,路径为:…\Projects\ble\HostTestApp\CC2541,在 Workspace 栏内选择"CC2541EM"。由于蓝牙模块的串口未采用流控功能,因此要禁止串口流控,方法如下。

①打开 hal_uart.c 文件,找到 uint8 HalUARTOpen(uint8 port, halUARTCfg_t*config)函数,可以看到 if(port == HAL_UART_PORT_0) HalUARTOpenDMA(config);代码,右击选择"go to definition ofHalUARTOpenDMA(config)"。

②在 static void HalUARTOpenDMA(halUARTCfg_t *config)函数中增加关闭流控代码,具体如下所示。

```
1    static void HalUARTOpenDMA( halUARTCfg_t *config )
2    { dmaCfg.uartCB = config->callBackFunc;
3    config->flowControl = 0;  // 关闭流控( 增加代码 )
4    ……
```

（2）编译程序,下载到蓝牙模块中。

（3）打开 BTool(安装了 BLE 协议栈,就可以在【 所有程序 】→【 Texas Instruments 】中找到该工具),可看到 BTool 启动界面,需要用户设置串口参数。点击"OK"按钮连接 BTool 工具,连接界面如图 7-23 所示,连接成功后如图 7-24 所示。

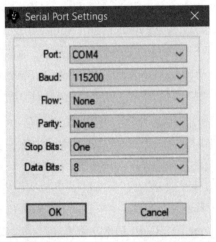

图 7-23　BTool 工具串口参数设置

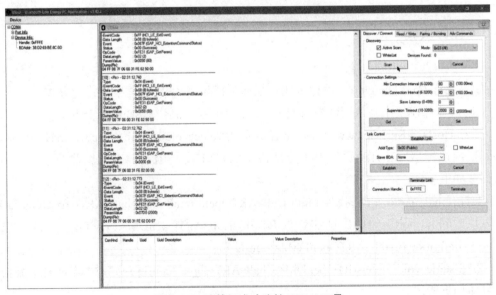

图 7-24　计算机成功连接 BTool 工具

第二步,制作蓝牙从机。

打开 SimpleBLEPeripheral.eww 工程,路径为:…\ble\SimpleBLEPeripheral\CC2541DB,下载到另一个蓝牙模块之中。注意:参照任务 1 修改,实现蓝牙模块与计算机的串口通信功能,以便从机的信息在串口调试软件上显示。

第三步,使用 BTool 工具。

1.扫描节点设备

首先使 USB Dongle 板(主机)和蓝牙模块(从机)复位,然后在 BTool 工具的设备控制界面区域内,选中"Discover/Connect"选项卡,再点击"Scan"按钮,对正在发送广播的节点设备进行扫描。默认扫描 10 s,扫描完成后,会在右侧的窗口中显示扫描到的所有设备个数和设备地址,如图 7-25 所示。若不想等 10 s,可以点击"Cancel"按钮停止扫描,则在右侧的窗口中显示当前已经扫描到的设备个数和设备地址。

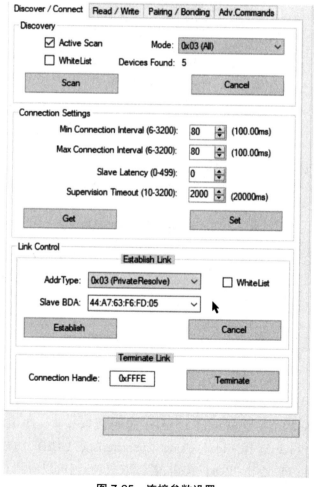

图 7-25　连接参数设置

2.连接参数设置

在建立设备连接之前,设置的参数包括:最小(Min Connection Interval(6~3 200))和最大(Max Connection Interval(6~3 200))的连接间隔、从机延时(Slave Latency(0~499))、管理超时(Supervision Timeout(0~3 200))。可以使用默认参数,也可以针对不同的应用来调整这些参数。设置好参数后,点击"Set"按钮才能生效,注意参数修改必须在建立连接之前操作。

3. 建立连接

在"Slave BDA"栏选择将与从机建立连接的节点设备地址,然后单击"Establish"按钮建立连接,如图 7-26 所示。此时节点设备的信息会出现在窗口左侧。同时在从机的串口调试端显示"Connected"已连接提示字符。

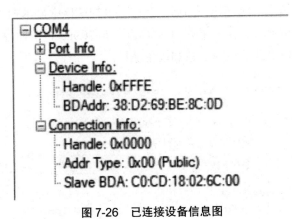

图 7-26　已连接设备信息图

4. 对 SimpleProfile 的特征值进行操作

SimpleGATTProfile 中包含 5 个特征值,每个特征值的属性都不相同,如表 7-2 所示。

表 7-2　SimpleGATTProfile 特征值属性

特征值编号	数据长度(B)	属性	句柄(Handle)	UUID
CHAR1	1	可读可写	0x0025	FFF1
CHAR2	1	只读	0x0028	FFF2
CHAR3	1	只写	0x002B	FFF3
CHAR4	1	不能直接读写,通过通知发送	0x002E	FFF4
CHAR5	5	只读(加密时)	0x0032	FFF5

1)使用 UUID 读取特征值

对 SimpleProfile 的第一个特征值 CHAR1 进行读取操作, UUID 为 0xFFF1。选择"Read/Write"选项卡,并选择"Read Using Characteristic UUID"功能,在"Characteristic UUID"选项填入 F1: FF,点击"Read"按钮,若读取成功,则可以看到 CHAR1 的特征值为0x01,如图 7-27 所示。同时,在信息记录窗口可以看到 CHAR1 对应的 Handle 值为0x0025。

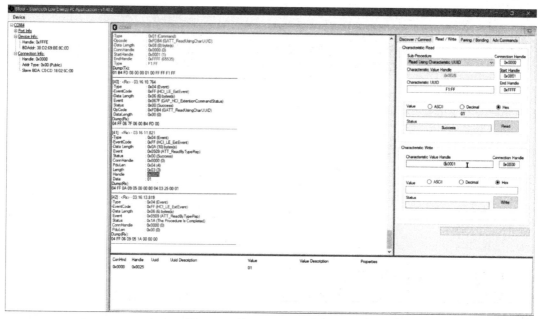

图 7-27　使用 UUID 读取特征值

2）写入特征值

现在向这个特征值写入一个新的值。在 "Characteristic Value Handle" 栏内输入 CHAR1 的句柄，即 0x0025；然后输入要写入的数，可以选择 "Decimal" 十进制数，或者 "Hex" 十六进制数，如 20；再点击 "Write" 按钮，则在从机的串口调试端显示被写入的特征值，如图 7-28 所示。

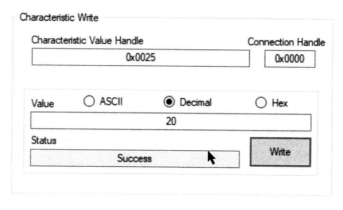

图 7-28　写入特征值

3）使用 Handle 读取特征值

已介绍采用 UUID 读取特征值，还可以采用 Handle 读取特征值，选择 "Read/Write" 选项卡，并选择 "Read Characteristic Value / Descriptor" 功能，在 "Characteristic Value Handle" 选项填入 0x0025，点击 "Read" 按钮。读取成功后，如图 7-29 所示，可以看到特征值为 0x14。

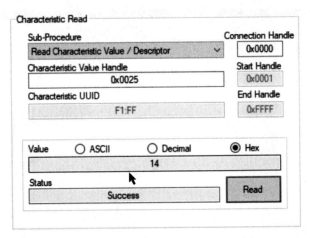

图 7-29　使用 Handle 读取特征值

4）使用 UUID 发现特征值

利用该功能不仅可以获取特征值的 Handle，还可以得到该特征值的属性。选择"Read/Write"选项卡，并选择"Discover Characteristic by UUID"功能，在"Characteristic UUID"选项填入 f2:ff，点击"Read"按钮。读取成功后，如图 7-30 所示。

读回的数据为 02 28 00 F2 FF，其中 02 表示该特征值可读；00 28 表示 Handle，FF F2 表示特征值的 UUID。注意：在图 7-30 中显示的数据是低位字节数在前，高位字节数在后，不能把 Handle 理解为 28 00；也不能把特征值的 UUID 理解为 F2 FF。

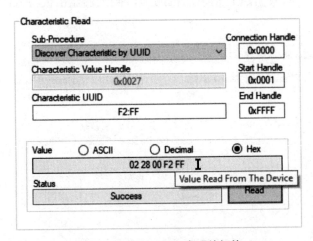

图 7-30　使用 UUID 发现特征值

5）读取多个特征值

以上仅对一个特征值进行读取，其实也可以同时对多个特征值进行读取。选择"Read/Write"选项卡，并选择"Read Multiple Characteristic Value"功能，在"Characteristic Value Handle"选项填入 0x0025；0x0028，点击"Read"按钮。读取成功后，如图 7-31 所示，可以读取到 CHAR1 和 CHAR2 两个特征值。

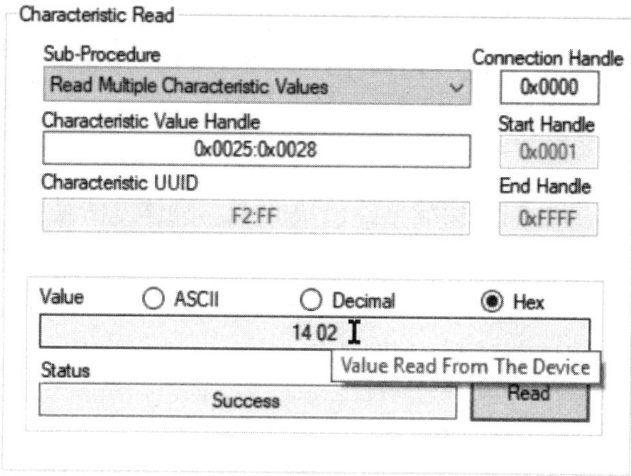

图 7-31 读取多个特征值

通过上述介绍,大家基本上掌握了 BTool 的使用方法,其他的功能可以自己实际测试一下。关于 HCI 的命令可以参考 TI_BLE_Vendor_Specific_HCI_Guide.pdf 文档。

第四步,修改从机程序,实现无线点灯。

采用 SimpleGATTProfile 中的第一个特征值 CHAR1 来作为 LED 亮灭的标志。

1. 修改服务器(从机)程序

打开 SimpleBLEPeripheral.eww 工程,在 simpleBLEPeripheral.c 文件中找到 static void simpleProfileChangeCB(uint8 paramID)特征值改变回调函数,增加粗体部分代码如下所示。

```
1   static void simpleProfileChangeCB( uint8 paramID )
2   { uint8 newValue;
3     switch( paramID )
4     {case SIMPLEPROFILE_CHAR1:
5   SimpleProfile_GetParameter( SIMPLEPROFILE_CHAR1, &newValue ); // 读取
    // CHAR1 的值
6         #if( defined HAL_LCD )&&( HAL_LCD == TRUE )
7   HalLcdWriteStringValue( "Char 1: ", ( uint16 )( newValue ), 10,    HAL_LCD_
    LINE_3 );
8         #endif // ( defined HAL_LCD )&&( HAL_LCD == TRUE )
9   if( newValue ) //set_P1_gpio( )函数在 simpleBLEPeripheral.c 中定义
10  { set_P1_gpio( BT_SPI_nCS_P1_NUM );} //P1.4 控制继电器,特征值为真,点亮灯泡
11        else// clean_P1_gpio( )函数在 simpleBLEPeripheral.c 中定义
12  { clean_P1_gpio( BT_SPI_nCS_P1_NUM );} // 特征值为假,则关灯泡
13        break;
14  ……
```

2.编译程序,下载到蓝牙模块中,并建立主从机的连接

首先要在预编译中设置"HAL_LED=TRUE"(默认设置为 HAL_LED=FALSE),然后编译、下载程序;主从机建立连接,参见上述第三步。

3.控制灯泡亮或灭

蓝牙模块 JP701 的 SS0 端连接继电器模块的 J2。具体方法是:在"Characteristic Value Handle"栏内输入 CHAR1 的句柄 0x0025;然后输入"1"或者"0",再点击"Write"按钮。则在从机的串口调试端显示被写入的特征值。同时,当写入"1"时,灯泡点亮;当写入"0"时,灯泡熄灭。写特征值控制灯泡亮或灭如图 7-32 所示。

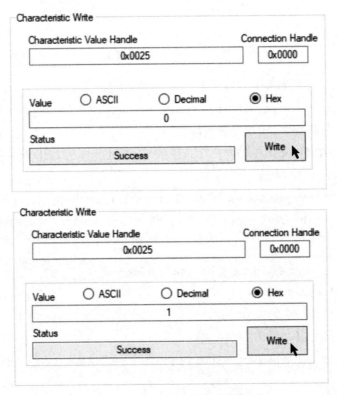

图 7-32　写特征值控制灯泡亮或灭

7.5　本章总结

本章主要介绍蓝牙低功耗(BLE)概念、BLE 协议栈、BLE 主从机建立连接、数据传输等内容。通过本章的学习,能够搭建硬件环境实现基于 BLE 协议栈的串口通信、主从机连接与数据传输、基于 BLE 协议栈的无线点灯等。

7.6　习题

一、选择题

1. BLE 是一种标准,定义了短距离、低数据传输速率无线通信所需要的一系列通信协议,其最大数据传输速率为(　　　)。

A. 250 Kbps　　　　　B. 150 Kbps　　　　　C. 250 Mbps　　　　　D. 150 Mbps

2. 蓝牙无线技术是在两个设备间进行无线短距离通信的最简单、最便捷的方法。以下(　　　)不是蓝牙的技术优势。

A. 全球可用　　　　　　　　　　　B. 易于使用

C. 自组织和自愈功能　　　　　　　D. 通用规格

3. 如果希望最大限度地降低 BLE 从设备的功耗,那么(　　　)是下面选项当中最好的。

A. 设置一个较短的连接间隔和较低的从设备延迟

B. 设置一个较高的从设备延迟和较长的连接间隔

C. 设置较低的从设备延迟和较长的连接间隔

D. 使用零从设备延迟

4.(　　　)不太适合采用蓝牙低功耗技术。

A. 话音质量音频　　　　　　　　　B. 心率传感器

C. 遥控器　　　　　　　　　　　　D. 近距离传感器

5. 在北美地区销售蓝牙低功耗产品事先需要完成(　　　)。

A. 只需通过 FCC 认证

B. 仅需通过蓝牙标准相符性鉴定

C. 需同时通过 FCC 认证及蓝牙标准相符性鉴定

D. 需通过 FCC 和 ETSI 标准相符性鉴定

6.(　　　)是 BLE 的 Attribute 协议(ATT)。

A. 一种客户机 - 服务器架构(服务器负责存储数据,而客户机则用于从服务器读取数据)

B. 一种客户机 - 服务器架构(客户机负责存储数据,而服务器则用于从客户机读取数据)

C. 蓝牙低功耗技术中 RF 协议中的一项定义

D. 蓝牙低功耗技术的应用配置文件中的一项定义

7. 蓝牙低功耗配置文件是(　　　)。

A. 由蓝牙特别兴趣小组(Bluetooth SIG)制定的一项协议

B. 实现某种应用所必需的一组服务

C. 一种 BLE 应用程序

D. 不存在的

8. 连接之后,主机发送的 GATT 数据服务发现请求,要发现的主服务的 UUID 为

(　　　)。

　　A. FFF　　　　　　　B. FFF1　　　　　　　C. FFF2　　　　　　　D. FFF3

二、综合实践题

　　采用 BLE 协议栈中的 KeyFob(从机)和手机制作一套人员位置监控系统,要求手机能设置监控报警距离,如果 KeyFob 离手机距离较远,那么手机能够推送报警信息以便管理员迅速到达现场检查。

附　　录

附录 A　CC2530 引脚描述

引脚序号	引脚名称	类型	引脚描述
1	GND	电源 GND	连接到电源 GND
2	GND	电源 GND	连接到电源 GND
3	GND	电源 GND	连接到电源 GND
4	GND	电源 GND	连接到电源 GND
5	P1_5	数字 I/O	端口 1.5
6	P1_4	数字 I/O	端口 1.4
7	P1_3	数字 I/O	端口 1.3
8	P1_2	数字 I/O	端口 1.2
9	P1_1	数字 I/O	端口 1.1
10	DVDD2	电源（数字）	2~3.6 V 数字电源连接
11	P1_0	数字 I/O	端口 1.0~20 mA 驱动能力
12	P0_7	数字 I/O	端口 0.7
13	P0_6	数字 I/O	端口 0.6
14	P0_5	数字 I/O	端口 0.5
15	P0_4	数字 I/O	端口 0.4
16	P0_3	数字 I/O	端口 0.3
17	P0_2	数字 I/O	端口 0.2
18	P0_1	数字 I/O	端口 0.1
19	P0_0	数字 I/O	端口 0.0
20	RESET_N	数字输入	复位,低电平有效
21	AVDD5	电源（模拟）	2~3.6 V 模拟电源连接
22	XOSC—Q1	模拟 I/O	32 MHz 晶振引脚 1 或外部时钟输入
23	XOSC—Q2	模拟 I/O	32 MHz 晶振引脚 2
24	AVDD3	电源（模拟）	2~3.6 V 模拟电源连接
25	RF_P	I/O	RX 期间负 RF 输入信号到 LNA
26	RF_N	I/O	RX 期间正 RF 输入信号到 LNA
27	AVDD2	电源（模拟）	2~3.6 V 模拟电源连接
28	AVDD1	电源（模拟）	2~3.6 V 模拟电源连接
29	AVDD4	电源（模拟）	2~3.6 V 模拟电源连接

续表

引脚序号	引脚名称	类型	引脚描述
30	RBIAS	模拟 I/O	参考电流的外部精密偏置电阻
31	AVDD6	电源（模拟）	2~3.6 V 模拟电源连接
32	P2_4	数字 I/O	端口 2.4
33	P2_3	数字 I/O	端口 2.3
34	P2_2	数字 I/O	端口 2.2
35	P2_1	数字 I/O	端口 2.1
36	P2_0	数字 I/O	端口 2.0
37	P1_7	数字 I/O	端口 1.7
38	P1_6	数字 I/O	端口 1.6
39	DVDD1	电源（数字）	2~3.6 V 数字电源连接
40	DCOUPL	电源（数字）	1.8 V 数字电源去耦

附录 B　CC2530 外设 I/O 引脚映射

外设 / 功能	P0								P1								P2				
	7	6	5	4	3	2	1	0	7	6	5	4	3	2	1	0	4	3	2	1	0
ADC	A7	A6	A5	A4	A3	A2	A1	A0													T
USART0_ SPI			C	SS	MO	MI															
Alt2(备选位置)											MO	MI	C	SS							
USART0_ UART			RT	CT	TX	RX															
Alt2											TX	RX	RT	CT							
USART1_ SPI			MI	MO	C	SS															
Alt2											MI	MO	C	SS							
USART1_ UART			RX	TX	RT	CT															
Alt2											RX	TX	RT	CT							
TIMER1		4	3	2	1	0															
Alt2	3	4											0	1	2						
TIMER3												1	0								
Alt2					1	0															

外设 / 功能	P0								P1								P2				
	7	6	5	4	3	2	1	0	7	6	5	4	3	2	1	0	4	3	2	1	0
TIMER4 Alt2															1	0					
																		1			0
32 kHz XOSC																	Q1	Q2			
DEBUG																			DC	DD	

参 考 文 献

[1] 张蕾. 无线传感器网络技术与应用 [M]. 北京: 机械工业出版社,2016.

[2] AKYILDIZ I F, VURAN M C. 无线传感器网络 [M]. 徐平平,刘昊,褚宏云,等,译. 北京:电子工业出版社,2013.

[3] 杨瑞,董昌春. CC2530 单片机技术与应用 [M]. 北京:机械工业出版社,2016.

[4] 姜仲,刘丹. ZigBee 技术与实训教程——基于 CC2530 的无线传感网技术 [M]. 北京:清华大学出版社,2014.

[5] 杨琳芳,杨黎. 无线传感网络技术与应用项目化教程 [M]. 北京:机械工业出版社,2016.

[6] 谢金龙,邓人铭. 物联网无线传感器网络技术与应用(ZigBee 版)[M]. 北京:人民邮电出版社,2016.